Vorwort zur 1. Auflage

Dieses Prüfungsbuch ist speziell zur Vorbereitung auf den schriftlichen Prüfungsbereich Wirtschafts- und Sozialkunde, dem sogenannten WiSo-Prüfungsbogen, im Rahmen der IHK-Abschlussprüfung im Ausbildungsberuf Fachkraft für Lagerlogistik konzipiert.

Wir erfüllen damit die vielfachen Anfragen unserer Leser und Nutzer, die sich eine Erweiterung unserer Buchreihe um diesen noch ausstehenden Teil gewünscht haben. Alle Teile der schriftlichen IHK-Prüfung können nun gezielt für den genannten Beruf vorbereitet und gelernt werden:

1. Prozesse der Lagerlogistik*   Prüfungsdauer bis 150 Minuten
2. Rationeller und qualitätssichernder Güterumschlag*   Prüfungsdauer bis 90 Minuten
3. Wirtschafts- und Sozialkunde   Prüfungsdauer bis 60 Minuten

In mancherlei Hinsicht nimmt der WiSo-Prüfungsbereich eine Sonderrolle ein, was wir im lernsystematischen Aufbau dieses Buches berücksichtigt haben. Das gewohnte Grundkonzept bleibt konsequent bestehen, wird aber auf diese Sonderrolle angepasst:

Es gibt fünf thematisch klar abgegrenzte Großkapitel, die in Unterkapiteln ausgefächert werden. Die gewohnten stofflichen Hilfestellungen auf drei Ebenen finden sich diesmal innerhalb dieser Unterkapitel.

Das **Kompaktwissen** stellt zunächst jedes Unterkapitel als gegliederte Stoffübersicht vor. Eine Frage-Antwort-Systematik ist hier prüfungsdidaktisch nicht sinnvoll, weil hier eine Outputorientierung vorherrscht. Bei der Stoffdarstellung haben wir uns um größtmögliche Prägnanz bemüht.

Das **Prüfungstraining** folgt ausschließlich dem programmierten Aufgabentyp („multiple choice") im WiSo-Bogen. Alle programmierbaren Frageformen und -niveaus kommen vor, eine hohe Wiedererkennung der Prüfungsform wurde berücksichtigt, man kann unmittelbar den Lösungseintrag vornehmen und damit Prüfungsteile gut simulieren, eine inhaltliche Schwerpunktsetzung in der Vorbereitung ist jederzeit möglich. Jede Aufgabe im Trainingsteil ist aus den Darstellungen im Kompaktteil zu erschließen.

Der **Lösungsteil** befindet sich wie im fachkundlichen Prüfungsbuch am Ende des Buches. Wie gewohnt können also die eigenen Ergebnisse selbstständig kontrolliert werden. Wie gewohnt finden sich bei den Lösungen zusätzlich gezielte Hinweise oder Erläuterungen zu Antworten von kniffligen Fragen.

Wir wünschen allen Nutzern dieses Buches einen höchstmöglichen Lerngewinn.

Es bleibt selbstverständlich unser Anliegen, Beiträge im Lernen zu leisten, die auf Selbstständigkeit unter individuellen Voraussetzungen setzen. Dennoch ist es nach unseren Erfahrungen unerlässlich, einsames Lernen immer auch mit Arbeiten in Lerngruppen und mit Unterstützern zu koppeln. Durch gemeinsames Kommunizieren erhöht sich die Stoffsicherheit, festigen sich Erkenntnisse und eröffnet sich inhaltliches Verständnis und Überblick in seiner ganzen Breite.

Wir bedanken uns für alle Hinweise und Anregungen, die zum Entstehen dieses Buches beigetragen haben, insbesondere bei vielen Auszubildenden, Lehrkräften und Vertreterinnen und Vertretern der betrieblichen Ausbildung.

Wir bleiben offen für Kritik und Verbesserungsvorschläge.

Köln, im Frühjahr 2010

Die Verfasser

---

* Vgl. Hummel, Köhn, Soemers, Weber: Kompaktwissen und Prüfungstraining – Fachkraft für Lagerlogistik, Rinteln, ISBN 978-3-8120-0570-8.

Vorwort zur 2. Auflage

Die erste Auflage dieses Buches wurde positiv aufgenommen. Offenbar ist es gelungen, sowohl eine bis dahin bestandene Prüfungslücke zu schließen als auch den Aufbau dieses WiSo-Prüfungsbuches den speziellen Erfordernissen bei der Vorbereitung auf den schriftlichen Prüfungsbereich Wirtschafts- und Sozialkunde anzupassen, ohne das Grundkonzept unserer (lagerlogistischen) Prüfungsbücher aufgeben.

Die zweite Auflage nimmt alle Änderungen des **neuen IHK-Prüfungskataloges 2010** auf und hat dadurch folgende Veränderungen gegenüber der Erstauflage aufzuweisen:

➤ In das Kapitel 2 (Berufsbildung, Arbeitsrecht und Tarifrecht) haben wir ein Unterkapitel zur Arbeitsgerichtsbarkeit aufgenommen, das diesen speziellen Rechtsweg, seine Streitfälle und Instanzen in aller Kürze behandelt.

➤ Das gleiche Vorgehen findet man im neu gefassten Kapitel 3 (Soziale Sicherung), wo wir sowohl der Sozialgerichtsbarkeit als auch der Eigenvorsorge ein eigenes Unterkapitel gewidmet haben.

➤ Ganz neu aufgenommen wurde das Kapitel 4 (Abrechnung und Besteuerung von Lohn- und Gehaltszahlungen). Wir haben uns dabei auf die wichtigsten, für Berufsanfänger relevanten Gebiete beschränkt.

➤ Das fünfte Kapitel, das den Ausbildungsbetrieb (in seinem Aufbau und seiner Organisation) thematisiert, haben wir um die Aspekte Unternehmensgründung und Kredite mit jeweils eigenen Prüfungsfragen erweitert.

➤ Im sechsten Kapitel (Grundlagen des Wirtschaftens) sind im Unterkapitel 6.1 (Grundbegriffe) der Haushaltsplan und im Unterkapitel 6.4 die globalisierte Welt behandelt.

Ein neues Unterkapitel (weltwirtschaftliche Verflechtungen) wurde mit den wichtigen Feldern Marktwirtschaft, Wirtschaftspolitik, Sozialpolitik und Konjunktur hinzugefügt. Auch hier haben wir auf die Verständlichkeit und Prüfungsrelevanz besonderen Wert gelegt.

➤ Zuletzt wurde im Kapitel 7 (Grundlagen des Wirtschaftsrechts) im Bereich Kaufvertrag ein Unterkapitel zu den Allgemeinen Geschäftsbedingungen (AGB) mit eigenen Prüfungsfragen angefügt.

Wir waren bemüht, das Erscheinungsbild des WiSo-Prüfungsbuches und seine Gliederung möglichst so anzupassen, dass sich die Veränderungen in das bestehende Konzept einfügen konnten.

Köln, im Winter 2010/2011

Die Verfasser

Vorwort zur 7. Auflage

Für die siebte Auflage haben wir alle für 2017 geltenden Rechengrößen der Sozialversicherungen eingearbeitet und in den entsprechenden Aufgaben und Lösungen berücksichigt (Rechtsstand: Januar 2017).

Bei der Überarbeitung haben wir auch kleinere Änderungen und Korrekturen vorgenommen.

Köln, im Januar 2017

Die Verfasser

Inhaltsverzeichnis

1 Hinweise zum Umgang mit diesem Prüfungsbuch

Wie im Vorwort bereits erwähnt, nimmt der Prüfungsbereich WiSo eine Sonderrolle ein, die es umso mehr erfordert, bei der Prüfungsvorbereitung gezielt und effizient vorzugehen. Aus diesem Grund bestehen im lernsystematischen Aufbau dieses Buches feine Unterschiede zu unserem fachkundlichen Prüfungsbuch.

Daher möchten wir den Nutzern dieses kleinen Buches ein paar besondere Hinweise geben:

Machen Sie sich den Aufbau dieses Buches klar!

Es hat einen überschaubaren Umfang. Es umfasst fünf Großkapitel. Sie decken den gesamten IHK-Stoffkatalog WiSo ab. Jedes Großkapitel hat mehrere Unterkapitel. Jedes Unterkapitel unterstützt Sie auf drei Ebenen:

➤ Im **Kompaktteil** wird Ihnen jedes Unterkapitel in einer gegliederten, kurzen Stoffübersicht vorgestellt. Die Inhalte sind bereits komprimiert. Auf die gewohnte Frage-Antwort-Systematik haben wir hier aus prüfungsdidaktischen Gründen verzichtet.

➤ Im **Trainingsteil** können Sie sehr gezielt üben und so ganz bestimmte Wissenslücken schließen. Sie können sich dort auch bestimmte Frageformen und inhaltliche Schwerpunkte erschließen. Lediglich das Kapitel 3 *(Soziale Sicherung)* und das Kapitel 4 *(Abrechnung und Besteuerung von Lohn- und Gehaltszahlungen)* haben im Trainingsteil keine Unterkapitel. Sollten Sie sie durchgehen, verstehen Sie sofort, warum dies so ist.

Wir haben den kompletten Trainingsteil ausschließlich in programmierter Form („multiple choice") konzipiert, weil auch die schriftliche WiSo-Prüfung so angelegt ist. Die Aufgaben entsprechen ihr in Art, Bezugsrahmen und Niveau und besitzen dadurch einen hohen Wiedererkennungswert. Generell wird es keine Aufgabe geben, die sich nicht aus der Stoffsammlung im Kompaktteil erschließt. In ganz seltenen Fällen geben Lösungshinweise Hilfestellung.

➤ Der **Lösungsteil** befindet sich wie im fachkundlichen Prüfungsbuch am Ende des Buches. Sie können also wie gewohnt Ihre Ergebnisse selbst kontrollieren. Wie gewohnt finden Sie bei den Lösungen zusätzlich gezielte Hinweise oder Erläuterungen zu Antworten, die Ihnen womöglich unklar erscheinen.

Geben Sie sich selbst Rechenschaft über Ihr Ziel!

Sind Sie „Aufwandsminimierer/-in" oder „Nutzenmaximierer/-in"? (Hinweis: Falls Sie Schwierigkeiten mit diesen Bezeichnungen haben, lesen Sie kurz nach (s. Kap. 6.1.5 Ökonomisches Prinzip). Richten Sie danach Ihre Vorbereitung aus!

Anhängern des „Minimalprinzips" empfehlen wir:	Vertretern des „Maximalprinzips" empfehlen wir:
➤ **Überdenken Sie Ihre Zeiteinteilung!**	➤ **Erkennen Sie WiSo als zentrales Gebiet der beruflichen Bildung an!**
Die Erfahrung zeigt, dass Vertreter des Minimalprinzips häufig auch in den beiden lagerlogistischen Prüfungsbereichen „Minimalisten" sind und ganz grundsätzlich ihre Zeiteinteilung überdenken müssen. Zeiteinteilung heißt ja nicht nur: Zeit erübrigen, sondern auch: Zeit einhalten und nutzen!	WiSo prüft Schlüsselkenntnisse kaufmännischer und gewerblicher Berufsausbildung! Anders ausgedrückt: Um Ihrer beruflichen Perspektive willen sollten Sie die Chance nutzen, auf diesem Gebiet Basiskenntnisse vorzuweisen. Die Bedeutung dieses

Außerdem sind viele WiSo-Prüfungsgebiete gar nicht so vorbereitungsintensiv, man kann sich also recht zügig Erfolgserlebnisse verschaffen, die man als Motivationsschub für die lagerlogistischen Bereiche gut nutzen kann.

➤ Unterschätzen Sie den WiSo-Prüfungsbogen nicht!

Manche Prüfungsbeteiligte meinen, das Gewicht dieses Prüfungsteils sei mit 20 % vom schriftlichen Ergebnis (und damit 10 % vom Gesamtergebnis) zu vernachlässigen. Viele vergessen allzu leicht, dass 10 – 20 % im oberen Bereich auf jeden Fall über, im mittleren Bereich bis zu einer ganzen Notenstufe ausmachen. Im unteren Bereich können gerade hier die entscheidenden Punkte für ein Bestehen der Prüfung gesammelt werden. Bei allem Verständnis für solches Kalkül: Gerade Vertreter des „Minimalprinzips" sollten mit diesem Risiko nicht allzu gewagt umgehen.

➤ Verbessern Sie sich zunächst in den (Unter-)Kapiteln, die Sie schon ein wenig beherrschen!

Gehen Sie in diesen Unterkapiteln sofort in den Trainingsteil und schreiben Sie ihre Lösungen in jedem Fall (!) auf. Machen Sie einen Lösungsvergleich und verbessern Sie Ihre Kenntnisse, indem Sie die noch falschen Antworten markieren und gezielt im Kompaktteil nacharbeiten. Lösen Sie dieses Unterkapitel zu einem späteren Zeitpunkt erneut und vergewissern Sie sich, dass Sie sich verbessert haben.

➤ Scheuen Sie das kurze (!) Üben nicht!

Üben muss nicht zeitaufwendig sein, aber regelmäßig! Schreiten Sie im Üben beharrlich voran und verweilen Sie in dieser Phase nicht allzu lange an kleinen Details, sondern gehen Sie zügig zum nächsten Unterkapitel über, das Sie ebenfalls schon ein wenig beherrschen. Sie werden Erfolge sehen!

Bereiches wird zunehmen. Facharbeiter-Nachwuchskräfte ohne wirtschaftliche Kompetenzen werden im globalisierten logistischen Wettbewerb nicht bestehen können.

➤ Ermitteln Sie nach grober Buchdurchsicht Ihre Bestkenntnisse und Ihre Größtlücken!

Beginnen Sie mit dem Trainingsteil der Bestkenntnisse und gehen Sie dann in den Kompaktteil (danach in den Trainingsteil) der Größtlücke. Setzen Sie dieses Vorgehen mit dem nächstbesten und nächstschlechtesten Kapitel fort, bis Sie alle Kapitel durchgearbeitet haben. Im besten Falle gelangen Sie so in ein sogenanntes „Lernpendel", das die Motivation für das eine gegen die Abneigung für das andere nutzt. Achten Sie aber darauf, dass Motivations- und Abneigungskapitel unmittelbar aufeinander folgen sollten, damit die Wirkung eintritt. Versuchen Sie es, Sie werden es sofort merken! Ist Ihnen dieses Vorgehen zu kompliziert, dann gehen Sie kapitelweise vor.

➤ Arbeiten Sie gründlich!

Gehen Sie Ihren eigenen Unklarheiten auf die Spur. Prüfen Sie, wie Sie mit rechtlichen Fragestellungen zurechtkommen (z.B. Angaben eines Datums u.a.). Sie machen einen guten Teil der Aufgaben aus. Lernen Sie Rechtsfragen vom Trainingsteil her und nutzen Sie dort den Kompaktteil nur als Leitfaden.

➤ Machen Sie häufige, aber kurze Pausen!

Sie halten damit Ihre Konzentration aufrecht! Als Richtschnur kann gelten: Alle 45 Minuten eine Pause von etwa 5 Minuten.

➤ Gehen Sie bei Ihren Antworten „schriftvariabel" vor!

Machen Sie auf jeden Fall Eintragungen, wie in der richtigen Prüfung auch! Eintragungen festigen und dokumentieren Wissen. Nutzen Sie dafür entweder radierfähige Bleistifte oder noch besser: mehrere Farben!, um Ihren Arbeitsstand zu vergleichen. Ein gründlich durchgearbeitetes Buch erkennen Sie daran, dass es durch Ihre Markierungen, Bemerkungen, Quervergleiche u. a. zu Ihrem eigenen individuellen Buch geworden ist. Ihr Werk!

Allen Nutzern sei empfohlen:

➤ Lernen Sie WiSo nicht auf Kosten der lagerlogistischen Prüfungsbereiche!

Geben Sie der WiSo-Vorbereitung eine Eigenzeit! Sie ersetzt nicht, sie erweitert Ihre Berufsausbildung.

➤ Stellen Sie Fragen!

Wer fragt, hat Interesse und Zeit für eine Antwort! Fragen wird sich für Sie auszahlen.

---

1 Hinweise zum Umgang mit diesem Prüfungsbuch

2 Berufsbildung, Arbeitsrecht und Tarifrecht

2.1 Berufsausbildung

KOMPAKTWISSEN

2.1.1 Grundlagen nach dem Berufsbildungsgesetz (BBiG)

Welche Grundlagen zur Berufsausbildung sollten nach dem BBiG beachtet werden?

Das BBiG gilt für die Berufsausbildung in einem „geordneten Ausbildungsgang". Das heißt, es muss ein anerkannter Ausbildungsberuf mit einer Ausbildungsordnung vorliegen. Das Gesetz gilt ebenso für die Berufsausbildungsvorbereitung, die berufliche Fortbildung und die berufliche Umschulung. Anerkannte Fortbildungen müssen berufsbezogen sein und inhaltlich bescheinigt werden. Auszubildende bewegen sich im „dualen System", das heißt, sie sind sowohl Arbeitnehmer als auch Berufsschüler. Schulische Fragen sind nicht (!) im BBiG geregelt, sondern in den Schulgesetzen der Bundesländer. Alle Lernorte (betriebliche, außerbetriebliche, schulische) sind zur Kooperation aufgefordert. Es gelten besondere Regelungen für Beginn und Beendigung von Ausbildungsverhältnissen.

2.1.2 Mindestinhalte bei Ausbildungsvertrag und Ausbildungsordnung

Welche Mindestinhalte muss ein Ausbildungsvertrag enthalten?

➤ Art und Ziel der Ausbildung
➤ sachliche Gliederung
➤ zeitliche Gliederung
➤ Beginn und Dauer
➤ Maßnahmen außerhalb der Ausbildungsstätte
➤ Dauer der regelmäßigen täglichen Arbeitszeit
➤ Dauer der Probezeit (mind.1, max. 4 Monate)
➤ Höhe der Ausbildungsvergütung (muss jährlich steigen!) und Zahlungsweise
➤ Dauer des Urlaubs
➤ Kündigungsvoraussetzungen
➤ allg. Hinweis auf Tarifverträge
➤ Form des Ausbildungsnachweises (schriftlich oder elektronisch)

Welche Mindestinhalte muss die bundesweite Ausbildungsordnung enthalten?

➤ Bezeichnung des Ausbildungsberufes
➤ Dauer der Ausbildung (2 – 3 Jahre)
➤ Fertigkeiten, Kenntnisse und Fähigkeiten („Ausbildungsberufsbild")
➤ Anleitung zur sachlichen und zeitlichen Gliederung („Ausbildungsrahmenplan")
➤ Prüfungsanforderungen

Hinweis:

Die Konferenz der Kultusminister erlässt in Abstimmung mit der Erstellung der Ausbildungsordnungen die entsprechenden landesweiten **Rahmenlehrpläne für den Berufsschulunterricht** für den jeweiligen Ausbildungsberuf. Das BBiG gilt somit nicht (!) für berufsbildende Schulen.

2.1.3 Pflichten von Beteiligten

Welche Pflichten hat der/die Ausbildende (= der ausbildende Betrieb)?	Welche Pflichten hat der/die Auszubildende?
➤ ordentliche Berufsausbildung nach Ausbildungsrahmenplan sicherstellen ➤ selbst ausbilden oder einen verantwortlichen Ausbilder beauftragen ➤ Ausbildungsmittel bereitstellen ➤ zum Besuch der Berufsschule anhalten und freistellen ➤ zum Anfertigen von Berichtsheften anhalten und sie durchsehen ➤ charakterliche Förderung des Auszubildenden sicherstellen, sittliche und körperliche Gefährdungen abwenden ➤ ausschließlich zweckdienliche Aufgaben übertragen, körperliche Überforderungen unterlassen ➤ zum Ausbildungsende schriftliches Zeugnis ausstellen	➤ Sorgfalt bei der eigenen Arbeit ➤ Teilnahme an den Ausbildungsmaßnahmen, für die er/sie gesetzlich freigestellt werden muss ➤ Weisungen von Berechtigten befolgen ➤ Ordnung der Ausbildungsstätte beachten ➤ alle Einrichtungen und Betriebsmittel pfleglich behandeln ➤ über Betriebs- und Geschäftsgeheimnisse Stillschweigen bewahren

2.1.4 Beendigung des Berufsausbildungsverhältnisses

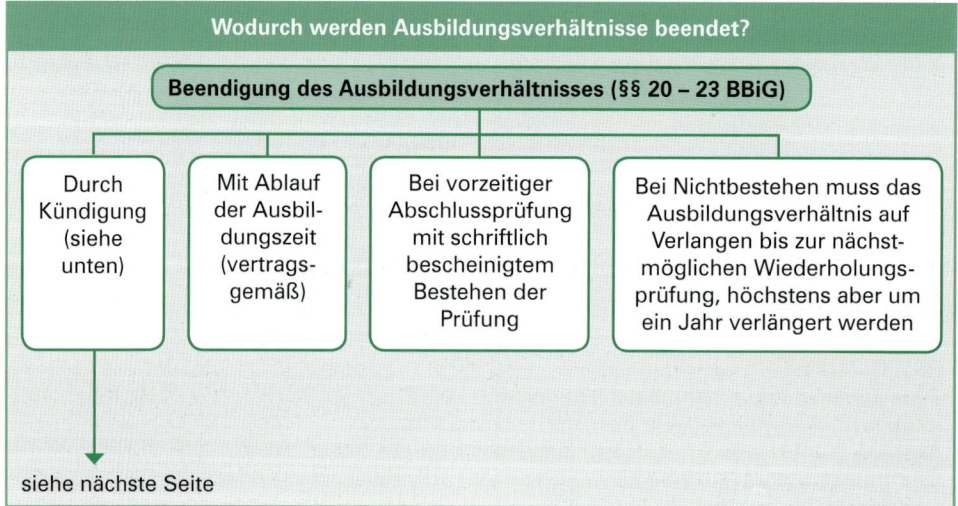

Wodurch werden Ausbildungsverhältnisse beendet?

Beendigung des Ausbildungsverhältnisses (§§ 20 – 23 BBiG)

| Durch Kündigung (siehe unten) | Mit Ablauf der Ausbildungszeit (vertragsgemäß) | Bei vorzeitiger Abschlussprüfung mit schriftlich bescheinigtem Bestehen der Prüfung | Bei Nichtbestehen muss das Ausbildungsverhältnis auf Verlangen bis zur nächstmöglichen Wiederholungsprüfung, höchstens aber um ein Jahr verlängert werden |

siehe nächste Seite

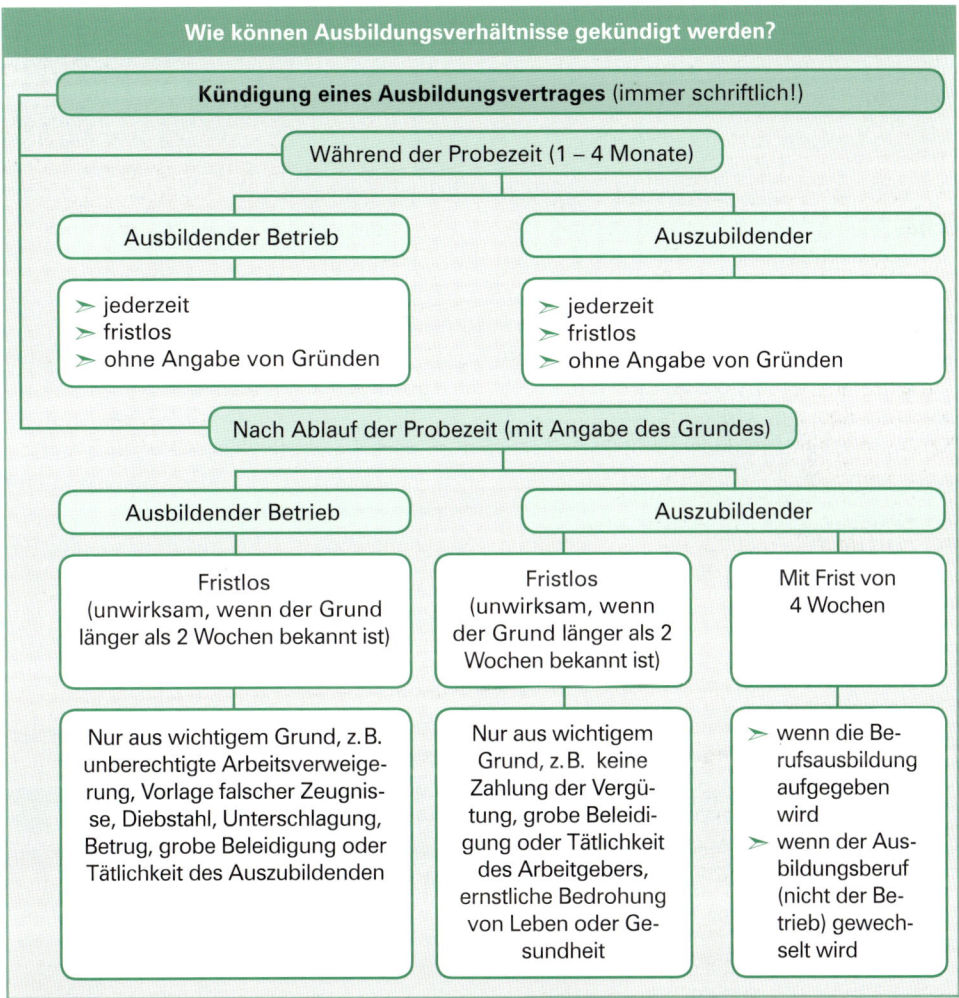

Wie können Ausbildungsverhältnisse gekündigt werden?

Kündigung eines Ausbildungsvertrages (immer schriftlich!)

Während der Probezeit (1 – 4 Monate)

Ausbildender Betrieb	Auszubildender
➤ jederzeit ➤ fristlos ➤ ohne Angabe von Gründen	➤ jederzeit ➤ fristlos ➤ ohne Angabe von Gründen

Nach Ablauf der Probezeit (mit Angabe des Grundes)

Ausbildender Betrieb	Auszubildender	
Fristlos (unwirksam, wenn der Grund länger als 2 Wochen bekannt ist)	Fristlos (unwirksam, wenn der Grund länger als 2 Wochen bekannt ist)	Mit Frist von 4 Wochen
Nur aus wichtigem Grund, z.B. unberechtigte Arbeitsverweigerung, Vorlage falscher Zeugnisse, Diebstahl, Unterschlagung, Betrug, grobe Beleidigung oder Tätlichkeit des Auszubildenden	Nur aus wichtigem Grund, z.B. keine Zahlung der Vergütung, grobe Beleidigung oder Tätlichkeit des Arbeitgebers, ernstliche Bedrohung von Leben oder Gesundheit	➤ wenn die Berufsausbildung aufgegeben wird ➤ wenn der Ausbildungsberuf (nicht der Betrieb) gewechselt wird

2.1.5 Anerkennung ausländischer Berufsqualifikationen (BQFG)

Welche Bedeutung hat das Berufsqualifikationsfeststellungsgesetz (BQFG)?

Das „Gesetz zur Verbesserung der Feststellung und Anerkennung im Ausland erworbener Berufsqualifikationen" (Berufsqualifikationsfeststellungsgesetz/BQFG) stellt EU-Bürgern und Angehörigen aus Drittstaaten einheitliche Bewertungen zur Anerkennung ihrer beruflichen Auslandsqualifikationen zur Verfügung. Ziel ist es, dem absehbaren Fachkräftemangel in Deutschland entgegenzuwirken, den Überblick für Arbeitnehmer, Arbeitgeber und zuständige Stellen zu verbessern und bisherige Ungerechtigkeiten bei der Anerkennung im Ausland erworbener Berufsabschlüsse und -qualifikationen zu beseitigen.

Betroffen sind z.B. medizinische (Pfleger, Ärzte), handwerkliche, erzieherische (Lehrer, Erzieher) und technische (Ingenieure, Architekten) Berufe. Von ganz besonderer Bedeutung sind die rund 350 deutschen Ausbildungsberufe des dualen Systems, die den Ausgangspunkt des Qualitätsmaßstabes für die künftigen Anerkennungen bilden.

PRÜFUNGSTRAINING

Aufgabe 1

Entscheiden Sie bei den folgenden Aussagen, welches Satzende korrekt ist!

Erster Teil:

„Die Ausbildungsordnung zum Beruf *Fachkraft für Lagerlogistik* …

① … ist Rechtsgrundlage für die betriebliche Ausbildung der Auszubildenden im genannten Beruf, wenn dies im Ausbildungsvertrag ausdrücklich vereinbart wurde."

② … ist Rechtsgrundlage für die betriebliche Ausbildung der Auszubildenden im genannten Beruf für das jeweilige Bundesland, in dem die Ausbildung angetreten wird."

③ … ist Rechtsgrundlage für die Berufsausbildung aller Auszubildenden im genannten Beruf in der gesamten Bundesrepublik Deutschland, sofern sie nicht schulische Fragen betrifft."

④ … ist Rechtsgrundlage für die betriebliche und schulische Ausbildung im genannten Beruf für das jeweilige Bundesland, in dem die Ausbildung angetreten wird."

⑤ … ist Rechtsgrundlage nur für Ausbildung, Fortbildung und Umschulung im genannten Beruf in der gesamten Bundesrepublik Deutschland."

Tragen Sie die Ziffer vor dem korrekten Satzende ein! _____ ☐

Zweiter Teil:

„Das Berufsbildungsgesetz (BBiG) …

① … gilt für die Berufsausbildung, die Berufsausbildungsvorbereitung, die berufliche Fortbildung und die berufliche Umschulung, soweit sie nicht in berufsbildenden Schulen durchgeführt wird."

② … gilt nur für die Berufsbildung in Betrieben und in berufsbildenden Schulen."

③ …. gilt für die Berufsausbildung in Betrieben, nicht aber für die berufsbildenden Schulen und die Fortbildung und Umschulung in Betrieben."

④ … gilt für die Berufsausbildung in dem Bundesland, in dem der Betrieb seinen Hauptstandort hat."

⑤ … gilt für die Berufsausbildung in berufsbildenden Schulen."

Tragen Sie die Ziffer vor dem korrekten Satzende ein! _____ ☐

Aufgabe 2

Stellen Sie fest, welche der folgenden Aussagen zur Kündigung von Berufsausbildungsverhältnissen

richtig = ① und welche

falsch = ⑨ sind!

a) Das Berufsausbildungsverhältnis kann während der Probezeit ohne Einhaltung einer Kündigungsfrist gekündigt werden. _____ ☐

b) Bei der Kündigung eines Berufsausbildungsverhältnisses sind die Kündigungsgründe in jedem Fall anzugeben. _____ ☐

c) Das Berufsausbildungsverhältnis kann nach der Probezeit aus wichtigem Grund ohne Einhaltung einer Kündigungsfrist gekündigt werden. _____ ☐

d) Das Berufsausbildungsverhältnis kann nach der Probezeit vom Auszubildenden ohne Einhaltung einer Kündigungsfrist gekündigt werden, wenn der Auszubildende sich für eine andere Berufstätigkeit ausbilden lassen will. _____ ☐

e) Das Berufsausbildungsverhältnis kann jederzeit ohne Einhaltung einer Kündigungsfrist gekündigt werden. _____ ☐

f) Das Berufsausbildungsverhältnis kann nach der Probezeit aus wichtigem Grund mit Einhaltung einer Kündigungsfrist von vier Wochen gekündigt werden. _____ ☐

g) Das Berufsausbildungsverhältnis kann nach der Probezeit vom Auszubildenden mit Einhaltung einer Kündigungsfrist von vier Wochen gekündigt werden, wenn der/die Auszubildende die Berufsausbildung aufgeben will. _____ ☐

h) Bei Vorliegen eines wichtigen Grundes kann der ausbildende Betrieb mit einer Frist von 4 Wochen kündigen. _____ ☐

Aufgabe 3

Es ist bewiesen, dass der Auszubildende Oliver in der Umkleidekabine einem Mitauszubildenden die Geldbörse entwendet hat. Ihm wurde eine Woche später fristlos gekündigt.

Prüfen Sie, ob dies zulässig ist!

① Ja, weil der ausbildende Betrieb aus wichtigem Grund auch ohne eine Kündigungsfrist jederzeit kündigen kann.

② Ja, sofern der Auszubildende Oliver volljährig ist.

③ Nein, weil die Zustimmung des Betriebsrates nicht eingeholt wurde.

④ Nein, weil die 4-wöchige Kündigungsfrist nicht eingehalten wurde.

⑤ Nein, weil der Auszubildende vorher angehört werden muss.

Tragen Sie die Ziffer vor der korrekten Begründung ein! _____ ☐

Aufgabe 4

Der Auszubildende Mike, 20 Jahre alt, hat einen Ausbildungsvertrag, der am 31. Januar 20.. endet. Am 17. Januar desselben Jahres besteht er seine letzte Prüfungsleistung und erhält am gleichen Tag darüber die schriftliche Bestätigung des Prüfungsausschusses.

Prüfen Sie, welche zwei der folgenden Behauptungen korrekt sind!

① Mike muss am nächsten Werktag nicht mehr arbeiten gehen.

② Falls Mike an den folgenden Werktagen arbeiten geht, und der Arbeitgeber dies duldet, ist damit ein unbefristetes Arbeitsverhältnis begründet.

③ Mike muss in jedem Fall seinen Ausbildungsvertrag erfüllen und bis zum 31. Januar arbeiten gehen.

④ Mike ist verpflichtet, ordnungsgemäß zu kündigen, falls er nach dem 31. Januar nicht weiter arbeiten geht.

⑤ Mike ist verpflichtet, ordnungsgemäß zu kündigen, falls er nach dem 17. Januar nicht weiter arbeiten geht.

⑥ Der Ausbildungsbetrieb ist verpflichtet, Mike zumindest bis zum 31. Januar weiter zu beschäftigen, falls er diesen Wunsch äußert.

⑦ Mikes Ausbildungszeit ist erst beendet, wenn er das IHK-Abschlusszeugnis in Händen hält.

Tragen Sie die beiden Ziffern vor den korrekten Behauptungen ein! _____ ☐ ☐

2 Hummel u.a.-ISBN 978-3-8120-0598-2

Aufgabe 5

Paula Weyers, 18 Jahre alt, beginnt zum 01.09.20 .. eine Ausbildung im Beruf Fachkraft für Lagerlogistik. Es soll die nach Berufsbildungsgesetz längstens mögliche Probezeit und eine dreijährige Ausbildungsdauer vereinbart werden.

An welchen beiden Daten enden die Probezeit und die Ausbildungszeit?

① Probezeit am 1. Januar des Folgejahres, Ausbildungszeit am 31. Juli drei Jahre später.

② Probezeit am 30. Januar des Folgejahres, Ausbildungszeit am 30. Juli drei Jahre später.

③ Probezeit am 30. Dezember desselben Jahres, Ausbildungszeit am 31. August drei Jahre später.

④ Probezeit am 31. Dezember desselben Jahres, Ausbildungszeit am 31. August drei Jahre später.

⑤ Probezeit am 1. Januar des Folgejahres, Ausbildungszeit am 30. August drei Jahre später.

Tragen Sie die Ziffer vor den korrekten Daten ein! _____ ☐

Aufgabe 6

Welche Aussage über ihre Ausbildungsvergütung ist korrekt?

„Die Ausbildungsvergütung…

① … darf die tarifliche Festlegung nicht übersteigen."

② … darf sich drei Jahre lang nicht verändern."

③ … muss in jedem Ausbildungsjahr steigen."

④ … wird vom Betriebsrat mit dem Arbeitgeber ausgehandelt."

⑤ … wird von der Industrie- und Handelskammer festgelegt."

Tragen Sie die Ziffer vor der korrekten Angabe ein! _____ ☐

Aufgabe 7

Paula Weyers möchte sich während ihrer Ausbildungszeit eine Fortbildung im Sinne des Berufsbildungsgesetzes anerkennen lassen.

Welche der genannten Fortbildungen kommt dafür infrage?

① Besuch eines berufsbezogenen Museums.

② Bezahlte Nachhilfestunden in Englisch.

③ Ein Töpferkurs in der Volkshochschule.

④ Ein IHK-Kurs zum Thema „Ladungssicherung im Gefahrgutbereich" mit bestandener Fortbildungsprüfung.

⑤ Besuch der internationalen Verpackungs-Fachmesse „interpac" in Düsseldorf mit schriftlicher Besucherbestätigung.

⑥ Ein zweiwöchiges Klettertraining in Südtirol im Rahmen des Berufsqualifikationsfeststellungsgesetzes (BQFG)

Tragen Sie die Ziffer vor der korrekten Angabe ein! _____ ☐

2.2 Einzelarbeitsvertrag

KOMPAKTWISSEN

2.2.1 Formvorschriften

> **In welcher Form muss ein Einzelarbeitsvertrag abgeschlossen werden?**
>
> Ein Einzelarbeitsvertrag gilt als Sonderform eines Dienstvertrages. Wie jeder Vertrag stellt er ein zweiseitiges, mehrseitig verpflichtendes Rechtsgeschäft (s. Kap. 7.1.3 Rechtsgeschäfte) dar und unterliegt grundsätzlich der Form- und Gestaltungsfreiheit. Er kann also
>
> ➤ schriftlich,
> ➤ mündlich oder
> ➤ durch stillschweigende, schlüssige (konkludente) Handlung
>
> abgeschlossen werden. Sehen die „höherwertigen" Rechtsvorschriften aus Arbeitsrecht, Tarifverträgen (s. Kap. 2.3 Tarifverträge) oder Betriebsvereinbarungen besondere Regelungen vor, kann davon im Einzelarbeitsvertrag nur zugunsten des Arbeitnehmers abgewichen werden.
>
> Ist ein Arbeitsvertrag ausschließlich mündlich geschlossen, hat der Arbeitgeber spätestens einen Monat nach dem vereinbarten Beginn des Arbeitsverhältnisses die wesentlichen Vertragsbedingungen schriftlich niederzulegen. Diese **Niederschrift** muss er unterzeichnen und dem Arbeitnehmer aushändigen. Sie muss bestimmte Mindestinhalte aufweisen.

2.2.2 Mindestinhalte einer Niederschrift von Einzelarbeitsverträgen

> **Welche Mindestinhalte muss die Niederschrift eines Einzelarbeitsvertrages aufweisen?**
>
> Nach § 2 Nachweisgesetz (NachwG) gehören folgende Mindestinhalte in die Niederschrift:
> 1. der Name und die Anschrift der Vertragsparteien,
> 2. der Zeitpunkt des Beginns des Arbeitsverhältnisses,
> 3. bei befristeten Arbeitsverhältnissen: die vorhersehbare Dauer des Arbeitsverhältnisses,
> 4. der Arbeitsort oder, falls der Arbeitnehmer nicht nur an einem bestimmten Arbeitsort tätig sein soll, ein Hinweis darauf, dass der Arbeitnehmer an verschiedenen Orten beschäftigt werden kann,
> 5. eine kurze Charakterisierung oder Beschreibung der vom Arbeitnehmer zu leistenden Tätigkeit,
> 6. die Zusammensetzung und die Höhe des Arbeitsentgelts einschließlich der Zuschläge (z.B. für Nachtarbeit), der Zulagen (z.B. als Weihnachtsgratifikation), Prämien (z.B. für gewonnene Neukunden) und Sonderzahlungen (z.B. zur Geburt von Kindern) sowie anderer Bestandteile des Arbeitsentgelts und deren Fälligkeit,
> 7. die vereinbarte Arbeitszeit,
> 8. die Dauer des jährlichen Erholungsurlaubs,
> 9. die Fristen für die Kündigung des Arbeitsverhältnisses,
> 10. ein in allgemeiner Form gehaltener Hinweis auf die Tarifverträge, Betriebs- oder Dienstvereinbarungen, die auf das Arbeitsverhältnis anzuwenden sind.

2.2.3 Pflichten der Vertragsparteien

Welche wesentlichen Pflichten gehen Arbeitgeber und Arbeitnehmer im Einzelarbeitsvertrag ein?		
	Hauptpflicht	**Nebenpflichten**
Arbeitgeber	**Vergütungspflicht** Voraussetzung ist allerdings, dass der Arbeitnehmer auch Leistung erbringt.	➤ **Beschäftigungspflicht** ➤ **Fürsorgepflicht:** Gefahrenabwehr, Sittlichkeit, Information, Datenschutz, Gleichheitsgrundsatz, Entgeltfortzahlung im Krankheitsfall u. a. ➤ **Kündigungsschutzpflicht** ➤ u. a.
Arbeitnehmer	**Arbeitspflicht** Voraussetzung ist allerdings, dass der Arbeitgeber z.B. die Zumutbarkeit einhält.	**Treuepflicht:** Gewissenhaftigkeit, Weisungsbefolgung, Geheimniswahrung, Wettbewerbsverbot, keine betriebsschädigenden Handlungen, Mangelanzeigen u. a.

2.2.4 Unwirksamkeit von Einzelarbeitsverträgen

Unter welchen Bedingungen sind Einzelarbeitsverträge unwirksam?	
Sie sind unwirksam, wenn sie die Voraussetzungen der Nichtigkeit erfüllen oder mit Erfolg angefochten wurden (s. Kap. 7.1.5 und 7.1.6 Nichtigkeit und Anfechtbarkeit). Das BGB sieht folgende Unwirksamkeitsgründe vor:	
Nichtigkeit	**Anfechtbarkeit**
➤ Geschäftsunfähigkeit (z.B. Arbeitsverträge mit Kindern) ➤ Scheingeschäfte (z.B. Arbeitsverträge mit Familienmitgliedern, die nicht arbeiten) ➤ Scherzgeschäfte ➤ mangelnde Form (z.B. Arbeitsverträge mit Personen, die selbstständig und damit keine Arbeitnehmer sind) ➤ gesetzliches Verbot (z.B. Arbeitsverträge über Hehlertätigkeit) ➤ Sittenwidrigkeit (z.B. Arbeitsverträge mit Dumpinglöhnen)	➤ Irrtum (z.B. Arbeitsverträge über das „Zuschneiden", was aber die Lederbearbeitung und nicht die Tätigkeiten eines Schneiders beinhaltet) ➤ widerrechtliche Drohung (z.B. Arbeitsverträge, für deren Eingehen jemand erpresst wurde) ➤ arglistige Täuschung (z.B. Arbeitsverträge mit EDV-Anforderungen, für die man die notwendige Schulung zwar angegeben, aber gar nicht besucht hat)

Welche Fragen dürfen beim Einstellungsgespräch nicht gestellt werden?

Grundsätzlich muss der Arbeitgeber alle Fragen unterlassen, die nicht im Zusammenhang mit dem Arbeitsverhältnis stehen.

Hierzu gehören in den meisten Fällen Fragen nach

> bisheriger Vergütung (allerdings darf nach „Gehaltsvorstellungen" gefragt werden),
> Schulden und Vermögen,
> Lohn- und Gehaltspfändungen (es sei denn, es liegen Anhaltspunkte dafür vor),
> Schwangerschaft,
> Heirats- bzw. Kinderwunsch,
> Krankheiten (z. B. nach HIV-Ansteckung nur im Medizinbereich),
> Vorstrafen (es sei denn bei besonderer Vertrauensstellung, z. B. an einer Kasse),
> Religions-, Partei-, Gewerkschaftszugehörigkeit,
> Haustieren, Freizeitverhalten
> u. a.

Besonderheit:

Sogenannte Tendenzbetriebe (Kirchen, Parteien, Gewerkschaften, Militär u.a.) unterliegen Sonderbestimmungen und dürfen weitergehende Fragen stellen.

2.2.5 Entgeltarten

Auf welche Arten kann das Arbeitsentgelt vereinbart und ausbezahlt werden?	
Zeitlohn	Arbeitnehmer werden für die Dauer ihrer Arbeitszeit bezahlt. Abgerechnet wird etwa nach Stunden-, Tages-, Wochen- oder Monatslohn. Der Zeitlohn von Angestellten und Beamten heißt **Gehalt,** der Zeitlohn von Arbeitern heißt **Lohn.**
Akkordlohn	Arbeitnehmer werden – neben einem Mindestlohn – nach Leistungsmenge pro Zeiteinheit bezahlt. Abgerechnet wird nach > **Geldakkord:** es wird ein bestimmter Geldbetrag pro Stück vorgegeben, > **Zeitakkord:** es wird eine bestimmte Zeit pro Stück vorgegeben.
Prämienlohn („Bonus")	Arbeitnehmer werden – neben einem zeitabhängigen Grundlohn – zusätzlich nach der Qualität ihrer Leistung bezahlt. Abgerechnet wird nach dem Grad, mit dem ein messbares und vorgegebenes Leistungsziel erreicht wurde. > **Kundenprämie/ -bonus** Abrechnung nach Anzahl, Vermögen, Wohnort usw. von neu gewonnenen Kunden. > **Umsatzprämie/ -bonus** Abrechnung nach dem Grad, mit dem ein vorgegebener Umsatz überschritten wurde. > **Qualitätsprämie/ -bonus** Abrechnung nach dem Grad, mit dem eine vorgegebene Fehlerquote (z. B. Pickfehler) unterschritten wurde. > **Terminprämie/ -bonus** Abrechnung nach dem Grad, mit dem Terminvorgaben vorzeitig erfüllt wurden.

Zusätzliche Entgeltbestand-teile	Arbeitnehmer werden nach betrieblichen Besonderheiten bezahlt. Abgerechnet wird nach ➤ **Zuschlägen**: für erschwerte, gefährliche oder unbeliebte Tätigkeiten (Sonntags- und Feiertagsarbeit, Nachtarbeit, Gefahren, Sonderdienste u. a.) ➤ **Gratifikationen**: als freiwillige Sonderzahlungen des Arbeitgebers (Weihnachts- und Urlaubsgeld, Arbeitnehmersparzulage, Jubiläen u. a.)

2.2.6 Arbeitszeugnis

Welche Regeln sind von den Vertragsparteien beim Arbeitszeugnis zu beachten?
Jeder Arbeitnehmer hat einen Anspruch auf ein schriftliches Arbeitszeugnis, das eindeutig und verständlich auf einem Firmenbogen abgefasst ist. Es muss der Wahrheit entsprechen, vom Wohlwollen gegenüber dem Arbeitnehmer getragen und auf seine positive berufliche Zukunft ausgerichtet sein (vgl. § 630 Bürgerliches Gesetzbuch [BGB] und § 109 Gewerbeordnung [GewO]).

➤ **Einfaches Zeugnis**	Es enthält Angaben über Namen und Anschrift der Vertragspartner, Bezeichnung und Beschreibung der Tätigkeitsbereiche, Dauer und Ende der Beschäftigung, Ausstellungsdatum und Unterschrift des Arbeitgebers. Angaben über Gründe und Umstände der Vertragsbeendigung dürfen nur auf ausdrücklichen Wunsch des Arbeitnehmers aufgenommen werden.
➤ **Qualifiziertes Zeugnis**	Es enthält alle Angaben des einfachen Zeugnisses und **zusätzlich** die Beurteilung der Leistung und des sozialen Verhaltens des Arbeitnehmers gegenüber Vorgesetzten, Kollegen, Mitarbeitern, Kunden u. a. Üblicherweise werden dabei bestimmte Formulierungscodes angewandt.

Verboten sind Angaben über das Privatleben, Gesundheitszustand bzw. Schwerbehinderteneigenschaft, Schwangerschaft, Arbeitskampfbeteiligungen im Sinne des Tarifrechts, Partei- oder Gewerkschaftszugehörigkeit u. a.

2.2.7 Beendigung

Unter welchen Bedingungen können Einzelarbeitsverträge beendet werden?

durch Kündigung	Die Kündigung kann beidseitig erfolgen. Sie ist ein einseitig empfangsbedürftiges Rechtsgeschäft. Sie bedarf also nicht der Zustimmung des früheren Vertragspartners (s. Kap. 7.1.3 Rechtsgeschäfte). Allerdings muss die Kündigung eines Einzelarbeitsvertrages ➤ dem Vertragspartner ordnungsgemäß zugegangen sein, ➤ in Schriftform (nicht elektronisch!) vorliegen, ➤ die gesetzlichen Kündigungsfristen einhalten (s. Kap. 5.6 Mitbestimmung und Schutzgesetze), ➤ nach § 1 des Kündigungsschutzgesetzes (KSchG) sozial gerechtfertigt sein, ➤ die ab Zugang dreiwöchige Klagefrist beim Arbeitsgericht überstanden haben.

durch Änderungs- kündigung	Kündigt der Arbeitgeber das Arbeitsverhältnis und bietet er dem Arbeitnehmer im Zusammenhang mit der Kündigung die Fortsetzung des Arbeitsverhältnisses zu geänderten Arbeitsbedingungen (z. B. geringerer Lohn, anderer Einsatzort, andere Tätigkeit u. a.) an, so liegt eine Änderungskündigung vor. Der Arbeitnehmer kann dieses Angebot unter dem Vorbehalt annehmen, dass die Änderung der Arbeitsbedingungen nicht sozial ungerechtfertigt ist.
durch Aufhebungs- vertrag	Einem Aufhebungsvertrag müssen beide Vertragspartner zustimmen, er ist ein beidseitig verpflichtendes Rechtsgeschäft, bedarf also übereinstimmender Willenserklärungen. Er muss schriftlich vorliegen und sollte berücksichtigen, dass Arbeitnehmer bei freiwilligem Ausscheiden (also ohne Kündigung) von der Arbeitsagentur mit einer Sperrfrist von 12 Wochen belegt werden können, in der kein Arbeitslosengeld gezahlt wird. Zusätzlich ist die Bezugsdauer um ein Viertel gekürzt. Üblicherweise enthalten Aufhebungsverträge deshalb Abfindungsregelungen. Durch die Einigung kann der Arbeitgeber damit das Kündigungsschutzgesetz umgehen.
durch Tod	Da Arbeitsverhältnisse nicht vererbbar sind, enden sie mit dem Tod. Bereits davor noch ausstehende Leistungen des Arbeitgebers können allerdings von den Erben beansprucht werden, z. B. zugesagte Umsatzbeteiligungen.
durch Zeitablauf	Durch Zeitablauf endigen ausschließlich befristete Einzelarbeitsverträge. Die Befristung und damit das Beschäftigungsende ist bereits bei Vertragsbeginn genau festgelegt worden. Dies kann durch ein Datum, ein erreichtes Ereignis, einen Vertretungsbedarf u. a. begründet sein. Befristete Einzelarbeitsverträge unterliegen dem Teilzeit- und Befristungsgesetz (TzBfG).

2.2.8 Arbeitsgerichte

Welche Bedeutung haben Arbeitsgerichte?

Arbeitsgerichtliche Verfahren sind von den Verfahren, die vor den Zivilgerichten (Amtsgericht, Landgericht, Oberlandesgericht, Bundesgerichtshof), Verwaltungsgerichten oder gar Strafgerichten ausgefochten werden, zu unterscheiden.

Welche Streitigkeiten werden vor dem Arbeitsgericht verhandelt?

Keinesfalls fallen pauschal alle Streitigkeiten, die arbeitsrechtliche Fragen betreffen, automatisch in die Zuständigkeit der Arbeitsgerichte. Vielmehr ist der Rechtsweg zu den Arbeitsgerichten nur dann gegeben, wenn eine Streitigkeit ausdrücklich im Katalog des Arbeitsgerichtsgesetzes (§ 3 ArbGG) zu finden ist.

Arbeitsgerichte können sowohl im **Urteilsverfahren** als auch im **Beschlussverfahren** angerufen werden.

Im **Urteilsverfahren** gehören beispielsweise Streitigkeiten zwischen Arbeitgeber und Arbeitnehmer über

➤ das Bestehen oder Nichtbestehen eines Arbeitsverhältnisses,

➤ Ansprüche aus dem Arbeitsverhältnis wie z.B. Umfang von Gehaltsansprüchen, rückständiges Gehalt, Urlaubsansprüche,
➤ Wirksamkeit von Abmahnungen,
➤ Wirksamkeit von befristeten Arbeitsverträgen,
➤ Wirksamkeit von Kündigungen,
➤ Wirksamkeit von Aufhebungsverträgen,
➤ ausgestellte Zeugnisse
➤ u.a.

vor die Arbeitsgerichte. Gegen Urteile kann **Berufung** und **Revision** eingelegt werden.

Im **Beschlussverfahren** gehören beispielsweise Streitigkeiten über

➤ Angelegenheiten aus dem Betriebsverfassungsgesetz (z.B. betriebliche Mitbestimmung durch den Betriebsrat, die Jugend- und Auszubildendenvertretung u.a.),
➤ Angelegenheiten aus dem Mitbestimmungsgesetz (z.B. unternehmerische Mitbestimmung durch einen Aufsichtsrat, eine Haupt- oder Gesellschafterversammlung),
➤ Angelegenheiten aus dem Berufsbildungsgesetz,
➤ Angelegenheiten aus dem 9. Buch SGB (z.B. Teilhabe behinderter Menschen),
➤ Angelegenheiten im Rahmen des Tarifrechts
➤ u.a.

vor die Arbeitsgerichte. Gegen Beschlüsse kann **Beschwerde** und **Rechtsbeschwerde** eingelegt werden.

In welche Stufen („Instanzen") sind die Arbeitsgerichte gegliedert („Arbeitsgerichtsbarkeit")?

1. Instanz: Arbeitsgericht
(„Kammer": ein Vorsitzender und zwei ehrenamtliche Richter)

Berufung und   **Beschwerde**
(zugelassen, wenn   Streitwert über 600,00 € liegt)

2. Instanz: Landesarbeitsgericht
(„Kammer": ein Vorsitzender und zwei ehrenamtliche Richter)

Revision und   **Rechtsbeschwerde**

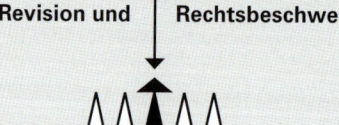

3. Instanz („Revisionsinstanz"): Bundesarbeitsgericht in Erfurt
(„Senat": Ein Vorsitzender und vier weitere Richter)

Zusätzlich entscheidet ein **Großer Senat** aus 10 Richtern in den Rechtsfällen, in denen ein Senat von der Entscheidung eines anderen Senats oder des Großen Senats abweichen will.

PRÜFUNGSTRAINING

Aufgabe 1

Die Impex GmbH hat die Pflicht, spätestens einen Monat nach Beginn eines Arbeitsverhältnisses mit Herrn David Vorberg bestimmte Vertragsbedingungen schriftlich niederzulegen.

Entscheiden Sie, ob die folgenden Angaben unter diese Pflicht fallen oder nicht! Notieren Sie
eine ① für zutreffende,
eine ⑨ für nicht zutreffende Aussagen!

a) Der Betriebsort für Herrn Vorberg mit Anschrift. ☐

b) Das Erstellen eines qualifizierten Zeugnisses für Herrn Vorberg im Falle seines Ausscheidens. ☐

c) Die Auflistung der gesetzlichen oder tarifvertraglichen Kündigungsfristen. ☐

d) Eine Angabe darüber, wie lange die Probezeit dauert. ☐

e) Eine allgemeine Beschreibung der von Herrn Vorberg zu leistenden Tätigkeiten. ☐

f) Eine Auflistung der Pflichten von Arbeitgeber und Arbeitnehmer. ☐

g) Die Zusammensetzung des Arbeitsentgeltes, einschließlich der Zuschläge und Prämien. ☐

h) Mit welchem Datum Herr Vorberg das Arbeitsverhältnis begonnen hat. ☐

Aufgabe 2

Nehmen Sie an, zwischen der Impex GmbH und Herrn Vorberg wurde ein unbefristetes Arbeitsverhältnis begründet.

Prüfen Sie in diesem Zusammenhang die unten stehenden Aussagen! Notieren Sie
eine ① für richtige,
eine ⑨ für falsche Aussagen!

a) Die Impex GmbH hat eine Vergütungspflicht, auch wenn Herr Vorberg keine Leistung erbringt. ☐

b) Die Treuepflicht obliegt einzig und allein Herrn Vorberg. ☐

c) Die Fürsorgepflicht beinhaltet, dass die Impex GmbH die Adresse von Herrn Vorberg nicht an Werbeagenturen weitergibt. ☐

d) Der Einzelarbeitsvertrag ist nichtig, wenn sich im Nachhinein herausstellt, dass Herr Vorberg körperlich nicht in der Lage ist, bei der Impex GmbH zu arbeiten. ☐

e) Die Impex GmbH kann den Einzelarbeitsvertrag mit Herrn Vorberg anfechten, wenn sich herausstellt, dass dieser verschwiegen hat, in seinem alten Betrieb einen Streik organisiert zu haben. ☐

f) Es ist der Impex GmbH nicht erlaubt, in einem Arbeitszeugnis zu erwähnen, dass Herrn Vorbergs Frau ein Kind erwartet. ☐

g) Sollte Herr Vorberg kündigen, muss er sicherstellen, dass seine Kündigung der Impex GmbH auch zugeht. ☐

h) Herr Vorberg hat Anspruch auf einen Zuschlag, wenn er auch samstags arbeiten soll. ☐

Aufgabe 3

Stellen Sie fest, ob es sich bei den folgenden Angaben um

① Prämienlohn,

② Gehalt,

③ Geldakkord,

④ zusätzliche Entgeltbestandteile,

⑤ Zeitakkord

handelt.

Tragen Sie die entsprechende Ziffer hinter der jeweiligen Aussage ein!

a) Herr Vorberg erhält pro neu gewonnenen Kunden 25,00 € ausgezahlt. _____ ☐

b) Herr Vorberg erhält Urlaubsgeld in Höhe von 250,00 €._____ ☐

c) Herr Vorberg erstellt Vorverpackungen für je 10 Stück Schrauben.
Pro Vorverpackung erhält er zum Mindestlohn 0,20 € hinzu. _____ ☐

d) Im Durchschnitt erstellt ein Mitarbeiter 12 Vorverpackungen pro Stunde.
Für jede, die er zusätzlich erstellt, erhält Herr Vorberg 2,00 € zusätzlich._____ ☐

e) Sein Bruder wird als Finanzbeamter bezahlt. _____ ☐

f) Für seine Tätigkeit am Samstag erhält Herr Vorberg mehr Lohn als an anderen Tagen. _ ☐

Aufgabe 4

Prüfen Sie die folgenden Einzelarbeitsverträge. Notieren Sie

eine ① , wenn sie nichtig sind,

eine ② , wenn sie anfechtbar sind,

eine ③ , wenn sie gültig sind!

Tragen Sie die entsprechende Ziffer hinter den unten stehenden jeweiligen Sachverhalten ein!

a) Der Geschäftsführer der Impex GmbH schließt einen Einzelarbeitsvertrag
mit seiner Nichte, der sechsjährigen Elisa, über die tägliche Versorgung
mit Kuchen nach der Schule. _____ ☐

b) Es stellt sich heraus, dass Herr Vorberg entgegen seinen Behauptungen
überhaupt keinen Führerschein besitzt, der für Kurierfahrten der
Impex GmbH aber notwendig ist. _____ ☐

c) Herr Vorberg merkt erst nach Vertragsabschluss, dass er eigentlich
gar kein Verkäufer bei der Impex GmbH sein will. _____ ☐

d) Die Impex GmbH nutzt die Notlage eines Arbeitsuchenden aus
und beschäftigt ihn für einen Tageslohn von 0,95 €. _____ ☐

e) Herr Vorberg erhält seinen Vertrag erst, nachdem er dem Geschäftsführer
mit Gewalt droht._____ ☐

f) Der Geschäftsführer verteilt zu Karneval Bierdeckel mit der Aufschrift
„Arbeitsvertrag", auf denen er alle Mitarbeiter anweist, ab sofort
für den halben Zeitlohn zu arbeiten. _____ ☐

Aufgabe 5

Herr Vorberg bittet den Geschäftsführer der Impex GmbH nach nahezu dreijähriger Tätigkeit im Unternehmen um ein qualifiziertes Arbeitszeugnis. Den Grund dafür nennt er nicht.

Prüfen Sie, ob die unten stehenden Formulierungen in diesem Zeugnis stehen dürfen, indem Sie

eine ① für zulässige,
eine ② für nicht zulässige Formulierungen eintragen!

a) „... Herr Vorberg war vom 01.07.2016 bis 30.04.2019 in unserem Haus beschäftigt und ... " ☐

b) „... Das Verhalten von Herrn Vorberg gegenüber seinen Vorgesetzten und Kollegen war stets einwandfrei ... " ☐

c) „... Herr Vorberg erledigte die ihm übertragenen Aufgaben stets zu unserer vollen Zufriedenheit ..." ☐

d) „... Herr Vorberg, in erster Ehe verheiratet, hat sich stets besonders zuvorkommend gegenüber unseren Mitarbeiterinnen verhalten ..." ☐

e) „... Wir bedauern außerordentlich, dass uns Herr Vorberg verlassen will ..." ☐

f) „... Herr Vorberg hat sich zügig und in beeindruckender Weise in unsere Arbeitsabläufe eingearbeitet ..." ☐

g) „... Herr Vorberg ist wegen des häufig unausgeschlafenen Eindrucks am Montagmorgen nicht für Früharbeiten geeignet ..." ☐

h) „... Herr Vorberg hat sich mit großer Hingabe seiner kranken Ehefrau gewidmet ..." ☐

Aufgabe 6

Herr Vorberg wurde zum 01.07.2016 bei der Impex GmbH unbefristet als Mitarbeiter im Wareneingang eingestellt. Beim Einstellungsgespräch wurde ihm ein Fragebogen vorgelegt, der unter anderem folgende Fragen beinhaltet hat.

Geben Sie an, welche Fragen von Herrn Vorberg **nicht** korrekt beantwortet werden mussten.

Notieren Sie eine

① = zulässige
⑨ = unzulässige Fragen

a) „Sind Sie vorbestraft?" ☐

b) „Besteht bei Ihnen eine Allergie gegen Holzspäne oder Staub, die die Arbeit im Wareneingang beeinträchtigen könnte?" ☐

c) „Sind Sie Gewerkschaftsmitglied?" ☐

d) „Wird Ihr Lohn gepfändet?" ☐

e) „Sind Sie HIV-positiv getestet?" ☐

f) „Arbeiten Sie ehrenamtlich?" ☐

g) „Wie hoch sind Ihre Gehaltsvorstellungen?" ☐

Aufgabe 7

Prüfen Sie in den folgenden Fällen, ob das Arbeitsgericht angerufen werden könnte.

Notieren Sie eine

① = wenn das Arbeitsgericht zuständig

⑨ = wenn es nicht zuständig ist!

a) Herr Vorberg beobachtet, wie ein Kollege mit dem Gabelstapler
    das Eingangstor beschädigt. _____ ☐

b) Herr Vorberg ist der Ansicht, bei der Wahl zum Betriebsrat wurden
    bestimmte Kandidaten aufgestellt, obwohl sie nicht wählbar waren. _____ ☐

c) Herr Vorberg erhält eine Abmahnung, weil er angeblich falsche
    Wareneingänge gebucht habe. Er will sich dagegen wehren. _____ ☐

d) Laut Arbeitsvertrag von Herrn Vorberg stehen ihm 27 Urlaubstage zu,
    die er nicht erhalten hat. _____ ☐

e) Im erbetenen qualifizierten Zeugnis hat Herr Vorberg stehen:
    „... Herr Vorberg, in erster Ehe verheiratet, hat sich stets besonders zuvorkommend
    gegenüber unseren Mitarbeiterinnen verhalten ..." Der Geschäftsführer weigert sich,
    dies aus dem Zeugnis zu streichen. _____ ☐

f) Der Geschäftsführer der Impex GmbH stellt fest, dass bei der Wahl zum Betriebsrat
    tatsächlich bestimmte Kandidaten aufgestellt wurden, obwohl sie nicht wählbar waren. ☐

g) Herr Vorberg ist mit seinem Tariflohn nicht einverstanden. Der Geschäftsführer
    weigert sich jedoch, eine Lohnerhöhung zu zahlen. _____ ☐

Aufgabe 8

Angenommen, Herr Vorberg hat am 01.07.2017 ein unbefristetes Arbeitsverhältnis bei der Impex GmbH begonnen.

Er stirbt am 20.03.2019.

a) Tragen Sie das Datum ein, zu welchem das Arbeitsverhältnis endet! _____ ☐

b) Nehmen Sie an, es habe ein Arbeitsverhältnis bestanden, das bis zum
    31.12.2019 befristet war. Tragen Sie das Datum ein, zu welchem
    dieses Arbeitsverhältnis bei gleichem Todesdatum endet! _____ ☐

c) Nehmen Sie an, es habe ein Arbeitsverhältnis bestanden, das bis zum
    31.12.2017 befristet war. Tragen Sie das Datum ein, zu welchem dieses
    Arbeitsverhältnis bei gleichem Todesdatum endet! _____ ☐

2.3 Tarifverträge

KOMPAKTWISSEN

2.3.1 Tarifrechtliche Grundbegriffe

Welche Grundbegriffe gelten im Tarifrecht?	
Rechts-grundlage	Die gültige Rechtsgrundlage ist das Tarifvertragsgesetz (TVG).
Tarif-vertrag	Ein Tarifvertrag ist ein zweiseitiges Rechtsgeschäft zwischen zwei Tarifvertragsparteien. Er stellt für die Vertragspartner gültige Rechtsnormen im Hinblick auf Arbeitsverhältnisse, betriebliche und betriebsverfassungsrechtliche Themen auf. Ein Tarifvertrag muss schriftlich abgeschlossen werden.
Geltungs-bereich	Ein Geltungsbereich kann unterschieden werden: ➤ räumlich (z. B. für Nordwürttemberg/Nordbaden) ➤ zeitlich (der alte gilt bis zum Abschluss eines neuen, z. B. zwei Jahre) ➤ persönlich (es sind Regelungen für bestimmte Personengruppen möglich) ➤ fachlich (z. B. Metall, Chemie, Textil, Erziehung und Wissenschaft)
Tarif-vertrags-parteien	Man nennt sie auch Tarifpartner oder Sozialpartner. Dies sind auf Arbeitnehmerseite die Gewerkschaften, auf Arbeitgeberseite entweder Arbeitgeberverbände oder einzelne Arbeitgeber (Unternehmen).
Tarif-autonomie	Da die Tarifpartner in eigener Verantwortung (= „autonom") über die Gestaltung der Arbeitsverhältnisse verhandeln, gilt für den Staat ein Einmischungsverbot. Die Tarifautonomie ist im Grundgesetz verankert (Art. 9, Abs. 3). Ausnahmen gelten für Entgeltfortzahlung, Urlaubsrecht, Höchstarbeitszeit, Mindestlöhne u. a.
Tarif-gebunden-heit	Ein Tarifvertrag gilt für alle Mitglieder der beteiligten Tarifpartner. Demnach müssen ihn alle Mitgliedsbetriebe anwenden, auch wenn nicht alle dortigen Arbeitnehmer Gewerkschaftsmitglieder sind.
Allgemein-verbind-lich-erklärung	Unter bestimmten Bedingungen kann das Bundesministerium für Arbeit und Soziales einen Tarifvertrag für allgemeinverbindlich erklären. Er gilt dann für alle Arbeitnehmer und -geber im Geltungsbereich, auch wenn sie nicht tarifgebunden sind. Eine solche Erklärung muss im Bundesanzeiger öffentlich bekannt gemacht werden.
Günstig-keitsprinzip	Weicht ein Einzelvertrag vom Tarifvertrag ab, so gilt jeweils die für den betroffenen Arbeitnehmer günstigere Regelung.
Unabding-barkeit	Einzelne Mitglieder der Tarifpartner können nicht einseitig auf eingeräumte Rechte verzichten.
Tarif-register	Es wird beim Bundesministerium für Arbeit und Soziales geführt und enthält alle Tarifverträge und Allgemeinverbindlicherklärungen.

2.3.2 Tarifvertragsarten

Welche Arten von Tarifverträgen werden unterschieden?	
Mantel-tarifvertrag	Hier werden die allgemeinen Arbeitsbedingungen, z.B. Arbeitszeit, Urlaubsregelungen, Kündigungsfristen in der Regel für eine längere Geltungsdauer (mehrere Jahre) einheitlich festgelegt.
Rahmen-tarifvertrag (für Löhne u. Gehälter)	Hier werden grundsätzliche Fragen zum Zeit- und Leistungslohn, zur Einstufung bestimmter Tätigkeiten in bestimmte Lohn- und Gehaltsgruppen, nicht aber die Entlohnungshöhe bestimmt. Auch hier gilt ein mehrjähriger Geltungszeitraum.
Lohn- und Gehalts-tarifvertrag	Hier werden Löhne und Gehälter, Ausbildungsvergütungen, Zulagen und Zuschläge in ihrer Höhe festgelegt. Die Geltungsdauer ist häufig nur auf ein Jahr begrenzt.
Haustarif-vertrag	Er wird zwischen Gewerkschaften und einzelnen Arbeitgebern (Unternehmen) abgeschlossen (z.B. Haustarifvertrag der Volkswagen AG) und ersetzt andere Tarifverträge. Er wird auch Firmen- oder Unternehmenstarifvertrag genannt.
Sondertarif-vertrag	Hier werden z.B. vermögenswirksame Leistungen, Vorruhestandsleistungen oder Jahresabschlusszahlungen und Urlaubsgeld vereinbart.
Sozialtarif-vertrag	Er regelt die soziale Abfederung bei drohenden Massenentlassungen und kann wirksam werden, wenn in einem Unternehmen zwischen Betriebsrat und Arbeitgeber kein Sozialplan vereinbart wurde.

2.3.3 Tarifverhandlungen und Arbeitskampf

In welchen Phasen laufen Tarifverhandlungen und Arbeitskampf ab?	
Phasen	**Bemerkungen**
1. Ein Tarifvertrag läuft aus oder wird fristgerecht gekündigt	Für die Dauer eines laufenden Tarifvertrages sind die Tarifpartner zum Frieden verpflichtet, d.h., es darf kein Arbeitskampf – auch keine Warnstreiks – begonnen werden („Friedenspflicht").
2. Bildung von Tarifkommissionen	Benennung aus der Mitte der Mitglieder der Tarifpartner. Sie sollen über den neuen Tarifvertrag verhandeln. Termine und Orte werden bestimmt.
3. Tarifverhandlungen	Hier stellen die Tarifkommissionen ihre Forderungen, die sie wirtschaftlich begründen. Ab jetzt sind Warnstreiks erlaubt.
Sobald sich ab jetzt beide Parteien auf einen neuen Tarifvertrag einigen, sind die Phasen beendet und es gilt die neue Vereinbarung.	

4. Keine Einigung	Die Verhandlungen werden für gescheitert erklärt. Dies kann jeweils jeder Verhandlungspartner erklären.
5. Einleitung eines Schlichtungs-verfahrens	Es wird ein neutraler Schlichter bestimmt (die Verhandlungspartner haben ein wechselndes Vorschlagsrecht). Er hat die Aufgabe, einen kompromissfähigen Vorschlag zu unterbreiten, um eine Einigung zu erzielen, und damit einen drohenden Arbeitskampf zu vermeiden. Es wird eine Schlichtungskommission gebildet.
6. Der Schlichter erklärt den Schlichtungs-versuch als gescheitert	Beide Verhandlungspartner bereiten sich auf einen Arbeitskampf vor.
7. Urabstimmung der Arbeit-nehmer	Wenn mindestens 75 % der gewerkschaftlich organisierten Arbeitneh-mer zustimmen, kommt es zu einem rechtmäßigen Streik (bei DGB-Gewerkschaften ist eine Urabstimmung rechtlich nicht zwingend, gilt aber als wichtiges Drohmittel gegen die Arbeitgeber).
8. Streik	Die Arbeitspflicht und die Entgeltfortzahlungspflicht ruhen, die Arbeitsverhältnisse bestehen weiter. Die Gewerkschaft zahlt „Streikgeld" nur an ihre Mitglieder, wodurch die Gewerkschaftskasse belastet wird. Es besteht kein Anspruch auf Arbeitslosengeld (Tarifautonomie!). Die Arbeitgeber haben Kosten durch Produktionsausfall, Umsatzeinbußen, Auswirkungen auf andere (Zuliefer-)Betriebe zu tragen. Verboten sind: ➤ politische Streiks (es geht nicht um Tarifverträge) ➤ wilde Streiks (Gewerkschaften sind nicht Herr des Verfahrens) Erlaubt sind: ➤ Sympathiestreiks (sofern verhältnismäßig) ➤ Flashmobs (sofern keine Totalblockade)
9. Aussperrung	Arbeitnehmer werden durch den Arbeitgeber vom Betrieb und der Arbeit ferngehalten. Es sind nur Abwehr-Aussperrungen als Reaktion auf Streiks, nicht aber Angriffs-Aussperrungen zugelassen.
10. Neue Verhand-lungen	Streiks und Aussperrungen zwingen mit zunehmender Dauer beide Seiten zu neuen Verhandlungen. Die Kompromissbereitschaft nach Arbeitskämpfen ist meist erhöht. Ziel ist der Abschluss eines neuen Tarifvertrages. Er wird den streiken-den Arbeitnehmern vorgeschlagen.
11. Urabstimmung der Arbeit-nehmer	Wenn mindestens 25 % der gewerkschaftlich organisierten Arbeitneh-mer dem Vorschlag zum neuen Tarifvertrag zustimmen, wird das Ende des Streiks ausgerufen und der neue Tarifvertrag unterzeichnet.

Grundsätze beim Arbeitskampf
➤ Verhältnismäßigkeit der Mittel („Kampfparität")
➤ keine Arbeitskampfmaßnahmen während eines gültigen, ungekündigten Tarifvertrages („Friedenspflicht")
➤ nur Tarifpartner und ihre Mitglieder als Beteiligte
➤ Ziel muss ein neuer Tarifvertrag sein

PRÜFUNGSTRAINING

Aufgabe 1

Welche Beteiligten schließen einen Tarifvertrag ab?

① Gewerkschaften und Berufsverbände

② Arbeitnehmer und Arbeitgeber

③ Betriebsrat und Arbeitgeber

④ Arbeitgeberverbände und Gewerkschaften

⑤ Arbeitgeberverbände und Betriebsrat

Tragen Sie die Ziffer vor der korrekten Bezeichnung ein! _____ ☐

Aufgabe 2

Wer gilt als Tarifpartner?

Tragen Sie hinter die folgenden Angaben die Ziffern

① = richtig und

⑨ = falsch

ein!

a) Die IHK_____ ☐

b) Die Berufsgenossenschaft_____ ☐

c) Ein Arbeitgeberverband_____ ☐

d) Ein einzelner Arbeitgeber _____ ☐

e) Ein einzelner Arbeitnehmer_____ ☐

f) Eine Gewerkschaft _____ ☐

g) Die Agentur für Arbeit _____ ☐

Aufgabe 3

Ein großes Unternehmen schließt mit einer Gewerkschaft einen Tarifvertrag ab.

Wie nennt man diesen Vertrag?

① Verbandstarifvertrag

② Branchentarifvertrag

③ Haustarifvertrag

④ Ortstarifvertrag

⑤ Bezirkstarifvertrag

⑥ Sondertarifvertrag

Tragen Sie die Ziffer vor der korrekten Bezeichnung ein! _____ ☐

Aufgabe 4

Ordnen Sie zu, welche der folgenden Regelungen in einem

① Rahmentarifvertrag

② Manteltarifvertrag

③ Lohn- und Gehaltstarifvertrag

④ Sondertarifvertrag

vereinbart werden!

a)   Die Höhe der Zuschläge für Nachtschichten_____ ☐
b)   Der tarifliche Urlaubsanspruch_____ ☐
c)   Ob ein Urlaubsgeld gezahlt wird _____ ☐
d)   In welcher Tarifgruppe eine ausgebildete Fachkraft für Lagerlogistik eingestuft ist_____ ☐
e)   Was eine ausgebildete Fachkraft für Lagerlogistik verdient_____ ☐
f)   Welche Arbeiten im Akkordlohn bezahlt werden_____ ☐

Aufgabe 5

Bringen Sie die folgenden Ereignisse im Laufe eines Tarifkonfliktes in die richtige Reihenfolge.

Tragen Sie hierzu hinter dem Buchstaben mit dem ersten Ereignis eine ①, mit dem darauf folgenden Ereignis eine ② usw. ein!

a)   Die Arbeitnehmer nehmen an einer Urabstimmung teil. _____ ☐
b)   Ein neutraler Schlichter macht einen Kompromissvorschlag. _____ ☐
c)   Die Gewerkschaft und die Arbeitgeberverbände einigen sich nicht._____ ☐
d)   Der Vorschlag des Schlichters wird abgelehnt. _____ ☐
e)   Die Arbeitgeber kündigen die Tarifverträge. _____ ☐
f)   Es beginnt ein rechtmäßiger Streik. _____ ☐
g)   Es kommt zu Tarifverhandlungen. _____ ☐
h)   Die Tarifpartner verhandeln neu. _____ ☐
i)   Die Arbeitgeber sperren die Arbeitnehmer aus. _____ ☐

Aufgabe 6

Geben Sie jeweils an, welcher Grundbegriff beschrieben ist.

Tragen Sie hierzu hinter dem Buchstaben die korrekte Ziffer des Grundbegriffes ein!

①   Tarifgebundenheit
②   Tarifautonomie
③   Friedenspflicht
④   Tarifregister
⑤   Allgemeinverbindlicherklärung
⑥   Günstigkeitsprinzip

a)   Ein Tarifvertrag gilt für alle Mitglieder der beteiligten Tarifpartner. _____ ☐
b)   Weicht ein Einzelvertrag vom Tarifvertrag ab, so gilt für den Arbeitnehmer
     die für ihn vorteilhaftere Regelung._____ ☐
c)   Während eines noch gültigen, ungekündigten Tarifvertrages dürfen
     die Tarifpartner keine Maßnahmen des Arbeitskampfes durchführen._____ ☐
d)   Für den Staat gilt ein besonderes Einmischungsverbot. _____ ☐
e)   Das Bundesministerium für Arbeit und Soziales kann bestimmen, dass ein aus-
     gehandelter Tarifvertrag für alle Arbeitnehmer und -geber im Geltungsbereich gilt. ____ ☐
f)   Es enthält die Auflistung aller Tarifverträge und wird beim
     Bundesministerium für Arbeit und Soziales geführt. _____ ☐

3 Hummel u.a.-ISBN 978-3-8120-0598-2

2.4 Berufliche Fort- und Weiterbildung

KOMPAKTWISSEN

Beherrschen Sie das folgende Kompaktwissen über die berufliche Fort- und Weiterbildung?	
Rechtsgrundlage der beruflichen Fortbildung	Die Rechtsgrundlage ist in § 1 (4), sowie in §§ 53–57 des Berufsbildungsgesetzes (BBiG) geregelt.
	Das Bundesministerium für Bildung und Forschung kann im Einvernehmen mit jeweils zuständigen Fachministerien Fortbildungsabschlüsse anerkennen und hierfür Prüfungsregelungen, die sog. Fortbildungsordnungen, erlassen. Diese regeln
	➤ die Bezeichnung des Fortbildungsabschlusses,
	➤ das Ziel, den Inhalt und die Anforderungen der Prüfung,
	➤ die Zulassungsvoraussetzungen sowie
	➤ das Prüfungsverfahren.
Bedeutung der beruflichen Fortbildung	Deutschland ist arm an Bodenschätzen. Seine Bedeutung im globalisierten Wettbewerb beruht deshalb zum überwiegenden Teil auf der Bildung und den Fähigkeiten seiner Menschen, dem sogenannten Humankapital.
	Diese Bildung muss systematisch gefördert und ständig angepasst werden. Der Einzelne ist dabei gefordert, in seinen beruflichen Fähigkeiten und Abschlüssen möglichst nicht stehen zu bleiben, sondern sich weiterzuentwickeln, um seine berufliche Zukunft aktiv gestalten zu können und flexibel zu bleiben.
	Um den bisherigen Stand an Fachkräften zu erhalten, ist es aufgrund einer sinkenden Bevölkerungszahl in Deutschland notwendig, möglichst vielen Menschen Bildungschancen zu eröffnen. Dazu gehören besondere Anstrengungen, etwa dass berufliche und allgemeine Bildung zunehmend als gleichwertig anerkannt und gegenseitige Durchstiege in alle – vor allem auch berufsbegleitende – Bildungsabschlüsse möglich gemacht werden.
	Berufliche Perspektiven spielen dabei eine besondere Rolle. Da reines Wissen zu schnell veraltet, bieten sogenannte Anwendungskompetenzen und „weiche" Faktoren („Softskills"), wie Persönlichkeitsreife, interkulturelle, lernmethodische, sprachliche u.a. Fähigkeiten, die besten Chancen für eine breite berufliche Handlungsfähigkeit. Dies schmälert die Bedeutung guter Allgemeinbildung und solider Ausbildung in keiner Weise, sondern es sichert sie.
Ziele	Die berufliche Fortbildung soll es ermöglichen, die berufliche Handlungsfähigkeit zu erhalten und anzupassen oder zu erweitern und beruflich aufzusteigen.

Betriebliche Weiterbildung	Betriebliche Qualifikationen sind etwa in der Arbeitssicherheit, Gefahrenabwehr oder dem Ausbildungswesen zu erwerben, etwa als ➤ Mitarbeiter mit Ausbildereignungsprüfung (nach AEVO, s. u.), ➤ Sicherheitsbeauftragter, ➤ Mitarbeiter mit ADR-Bescheinigung zur Beförderung von Gefahrgut auf der Straße, ➤ Sicherheitsberater/Gefahrgutbeauftragter, ➤ Brandschutzbeauftragter, ➤ Fachkraft für Arbeitssicherheit, ➤ u. a.
Ausgewählte Abschlüsse	Betriebsexterne Fortbildungsabschlüsse unterscheiden sich vor allem in Inhalt und Umfang der Maßnahme sowie der Prüfung, aber auch in der Zielsetzung und den beruflichen Perspektiven der möglichen Teilnehmer. Die Qualifizierungsmaßnahmen werden von öffentlichen und privaten Bildungseinrichtungen nach den o. g. Richtlinien vorgenommen. Sie dauern in der Regel zwischen 6 bis 24 Monate (Teilzeit- oder Vollzeitform). Man unterscheidet beispielsweise ➤ die fachberufsorientierten/technischen Industriemeister, ➤ die wirtschaftszweigbezogenen Fachwirte/Fachwirtinnen, ➤ die funktionsbezogenen Fachkaufleute, ➤ die funktionsübergreifenden Betriebswirte/Betriebswirtinnen.
➤ Industriemeister	Der/die Industriemeister/-in ist eine qualifizierte, technische Führungskraft, deren Handlungsschwerpunkt in der Führung von Arbeitsgruppen oder Abteilungen in Industriebetrieben liegt. Zulassungsvoraussetzungen sind eine erfolgreiche Abschlussprüfung in einem anerkannten Ausbildungsberuf und eine ein- oder mehrjährige Berufspraxis. Prüfungsteile sind ➤ ein fachrichtungsübergreifender Teil („Basisqualifikation"), ➤ ein fachrichtungsspezifischer Teil („spezifische Qualifikation"), ➤ eine Ausbildereignungsprüfung kann separat gefordert und erworben werden (gem. Ausbilder-Eignungsverordnung/AEVO). Die Prüfung wird vor den Industrie- und Handelskammern abgelegt. Industriemeister erhalten einen Meisterbrief und besitzen eine bundesweite spezifische Hochschulzugangsberechtigung. **Beispiele:** ➤ Industriemeister/-in Elektrotechnik ➤ Industriemeister/-in Metall ➤ Kraftverkehrsmeister ➤ Lagermeister

➤ **Fachwirte**	Der Fachwirt ist eine Aufstiegsfortbildung der höheren kaufmännischen, also betriebswirtschaftlichen Qualifikation, die der Meisterprüfung gleichgestellt ist. Sie ist **wirtschaftszweigbezogen,** d.h., sie orientiert sich an Branchen. Zulassungsvoraussetzungen sind eine erfolgreiche Abschlussprüfung in einem anerkannten Ausbildungsberuf und einschlägige Berufspraxis. Die Prüfung wird vor den Kammern der o.g. Branchen, also Industrie- und Handelskammern, Handwerkskammern, Rechtsanwaltskammern u.a. abgelegt. **Beispiele:** ➤ Medienfachwirt ➤ Immobilienfachwirt ➤ Verwaltungsfachwirt ➤ Justizfachwirt ➤ Tourismusfachwirt ➤ Wirtschaftsfachwirt
➤ **Fachkaufleute**	Fachkaufleute durchlaufen ebenfalls eine Aufstiegsfortbildung für eine betriebswirtschaftliche Qualifikation. Auch sie ist der Meisterprüfung gleichgestellt. Sie ist allerdings nicht wirtschaftszweigbezogen, sondern **funktionsbezogen,** d.h., sie orientiert sich an betriebswirtschaftlichen Funktionsbereichen. Zulassungsvoraussetzungen und Prüfungseinrichtungen gleichen dem Industriemeister und dem Fachwirt. Teilweise ist der Fachkaufmann Voraussetzung für weiterführende Aufstiegsweiterbildungen. **Beispiele:** ➤ Fachkaufmann/-frau für Marketing ➤ Fachkaufmann/-frau für Finanzbuchhaltung ➤ Fachkaufmann/-frau für Einkauf und Logistik
➤ **Betriebswirte**	Der **staatlich geprüfte Betriebswirt** ist ein betriebswirtschaftlicher Abschluss, der durch ein zweijähriges Fachschulstudium in Vollzeit (optional vier Jahre Teilzeit) an Fachakademien oder Fachschulen für Wirtschaft nach mindestens 2400 Stunden Lehrumfang über eine mit Erfolg abgelegte staatliche Prüfung erworben werden kann. Sie ist **funktionsübergreifend.** Betriebswirte haben höhere Führungskompetenz und größere Handlungsbreite als Fachwirte, Fachkaufleute oder Industriemeister. Sie erwerben Managerqualifikationen mit Personal- und Budgetverantwortung. Die Lehrinhalte umfassen häufig auch sprachliche, lernmethodische und interkulturelle Schlüsselqualifikationen.

	Zulassungsvoraussetzungen sind
	➤ Fachoberschulreife,
	➤ eine kaufmännische Berufsausbildung im Studienschwerpunkt,
	➤ Abschlusszeugnis der Berufsschule,
	➤ mindestens 12 Monate kaufmännische Berufserfahrung.
	Die Prüfung wird vor der Fachschule abgelegt, die Prüfungsaufgaben werden durch die zuständige staatliche Stelle überwacht und genehmigt.
	Der Abschluss zum staatlich geprüften Betriebswirt wird von bestimmten Fachhochschulen auf den Bachelor-Abschluss angerechnet.
	Beispiele: ➤ Staatlich geprüfter Betriebswirt „Logistik" ➤ Staatlich geprüfter Betriebswirt „Finanzdienstleistungen" ➤ Staatlich geprüfter Betriebswirt „Tourismus"
	Der **Geprüfte Betriebswirt** (ehemals Betriebswirt IHK) ist die höchste Aufstiegsfortbildung der Industrie- und Handelskammern.
	Zulassungsvoraussetzungen sind
	➤ eine kaufmännische Berufsausbildung,
	➤ mindestens 2 Jahre Berufserfahrung,
	➤ Fortbildungsprüfung auf dem Niveau der Fachwirt-, Fachkaufmann- oder Industriemeister-Qualifikation.
	Die jeweiligen Kammern können Sondergenehmigungen erteilen.
Förderung	Berufliche Fort- und Weiterbildung kann gefördert werden. Etwaige Leistungen sind in § 3 SGB III Arbeitsförderung aufgeführt. Sie beinhalten z. B. die Übernahme bestimmter Weiterbildungskosten.

PRÜFUNGSTRAINING

Aufgabe 1

Prüfen Sie die folgenden Aussagen zur Bedeutung der beruflichen Fort- und Weiterbildung!

Notieren Sie

eine ① für zutreffende,

eine ⑨ für nicht zutreffende Aussagen!

a) Die sinkende Bevölkerungszahl in Deutschland macht es notwendig, die berufliche Qualifizierung möglichst auf einfache Qualität zu bringen. _____ ☐

b) Die sinkende Bevölkerungszahl in Deutschland macht es notwendig, die Fachkräfte immer aus dem eigenen Land heranzubilden. _____ ☐

c) Die sinkende Bevölkerungszahl in Deutschland macht es notwendig, möglichst vielen Menschen in Deutschland Bildungschancen zu eröffnen. _____ ☐

d) Deutschland hat viele Rohstoffe aus dem Boden zu bieten. _____ ☐

e) Das reine Wissen in den Berufen veraltet schnell._____ ☐

f) Es erhöht die Qualität der beruflichen Bildung, wenn sie gegenüber der allgemeinen Bildung als gleichwertig anerkannt wird. _____ ☐

g) Es senkt die Qualität der beruflichen Bildung, wenn sie gegenüber der allgemeinen Bildung als gleichwertig anerkannt wird. _____ ☐

h) Zu den „weichen" Bildungsfaktoren zählen z. B. Schulabschlüsse und IHK-Abschlüsse. _____ ☐

i) Zu den „weichen" Bildungsfaktoren zählen z. B. Persönlichkeitsreife und Sprachkenntnisse. _____ ☐

j) Berufsbegleitende Fortbildungen finden in einer beruflichen Pause statt. _____ ☐

k) Berufsbegleitende Fortbildungen finden während der Berufstätigkeit, z. B. abends und an Wochenenden, statt. _____ ☐

Aufgabe 2

Prüfen Sie die folgenden Bezeichnungen für bestimmte Fort- und Weiterbildungsmaßnahmen!
Notieren Sie

eine ① für eine betriebliche Weiterbildung,

eine ② für einen betriebsexternen beruflichen Fortbildungsabschluss,

eine ③ für keines von beiden!

a) Wirtschaftsfachwirt/Wirtschaftsfachwirtin _____ ☐

b) Sicherheitsbeauftragte/-r _____ ☐

c) Geprüfte/-r Betriebswirt/-in _____ ☐

d) Fachschule _____ ☐

e) Ausbildereignungsprüfung (nach AEVO) _____ ☐

f) Fachkraft für Arbeitssicherheit _____ ☐

g) Fachkraft für Lagerlogistik _____ ☐

h) Lagermeister/-in _____ ☐

i) Staatlich geprüfte/-r Betriebswirt/-in _____ ☐

j) Fachkaufmann/Fachkauffrau für Einkauf und Logistik _____ ☐

Aufgabe 3

Prüfen Sie die folgenden Aussagen zu den Fortbildungsabschlüssen!
Notieren Sie

eine ① für zutreffende,

eine ⑨ für nicht zutreffende Aussagen!

a) Die Abschlüsse Fachwirt/Fachwirtin und Fachkaufmann/Fachkauffrau sind dem Industriemeister gleichgestellt. _____ ☐

b) Die Abschlüsse Fachwirt/Fachwirtin und staatlich geprüfte/-r Betriebswirt/-in sind dem Industriemeister gleichgestellt. _____ ☐

c) Nur der geprüfte Betriebswirt ist dem Industriemeister gleichgestellt. _____ ☐

d) Der Besuch einer berufsbegleitenden Fachschule gilt als Studium. _____ ☐

e) Die Fachschule führt grundsätzlich zur Zugangsberechtigung zu einer Fachhochschule. _____ ☐

f) Die Fachschule führt nur in bestimmten Fällen zur Zugangsberechtigung zu einer Fachhochschule. _____ ☐

g) Fort- und Weiterbildung kann im Rahmen der Arbeitsförderung durch bestimmte Kostenübernahmen oder Zuschüsse staatlich gefördert werden. _____ ☐

3 Soziale Sicherung

3.1 Gesetzliche Sozialversicherung

3.1.1 Einführung

Warum gibt es eine Sozialversicherung und welchen Prinzipien unterliegt sie?

„Jeder Mensch hat als Mitglied der Gesellschaft Recht auf soziale Sicherheit; er hat Anspruch darauf, durch innerstaatliche Maßnahmen und internationale Zusammenarbeit unter Berücksichtigung der Organisation und der Hilfsmittel jedes Staates in den Genuss der für seine Würde und die freie Entwicklung seiner Persönlichkeit unentbehrlichen wirtschaftlichen, sozialen und kulturellen Rechte zu gelangen." (Artikel 22 der Allgemeinen Erklärung der Menschenrechte von 1948)

Grundprinzipien der deutschen Sozialversicherung:

➤ **Versicherungspflicht** für die meisten Menschen in Deutschland,
➤ **Beitragsfinanzierung** überwiegend durch die Arbeitnehmer und Arbeitgeber,
➤ **Solidarität** bedeutet, dass alle zu versichernden Risiken von allen Versicherten gemeinsam getragen werden entsprechend dem Motto „einer für alle, alle für einen",
➤ **Subsidiarität,** d.h., dass der Staat nur dort eingreift, wo der Einzelne oder die Familie es nicht schafft, von sich aus einer Herausforderung zu begegnen (es gilt: Selbstbestimmung statt Bevormundung, gegebenenfalls Hilfe zur Selbsthilfe).
➤ **Selbstverwaltung,** indem der Staat Aufgaben und Verantwortungsbereiche an die Träger delegiert,
➤ **Freizügigkeit** eines jeden Unionsbürgers innerhalb der Europäischen Union (EU), u.a. sich frei zu bewegen und überall aufzuhalten,
➤ **Äquivalenz,** es gilt nur in der Rentenversicherung und bedeutet, dass die Leistungen in Abhängigkeit von den eingezahlten Beiträgen in der Erwerbsphase stehen.

Sozialversicherungszweige:

Arbeitslosen-, Kranken-, Renten-, Unfall- und Pflegeversicherung.

Die gesetzliche Sozialversicherung in Deutschland ist mit der wichtigste Teil des **„sozialen Netzes",** der dann greift, wenn die Menschen z.B. durch Lebenskrisen oder andere Unwägbarkeiten des Lebens krank werden, ihre Arbeit verlieren oder pflegebedürftig werden. So sind in Deutschland ungefähr 90 Prozent der Bevölkerung in der Sozialversicherung pflichtversichert und damit gegen die finanziellen Folgen von Alter, Arbeitslosigkeit, Krankheit, Pflegebedürftigkeit, Unfall, Tod usw. abgesichert. Darüber hinaus gibt es noch weitere soziale Absicherungen wie z.B. die Sozialhilfe.

3.1.2 Arbeitslosenversicherung (3. Buch SGB – Arbeitsförderung)

Beherrschen Sie die folgende Kompaktdarstellung?

Versicherungsträger:

Bundesagentur für Arbeit

Versicherte:

Alle Arbeitnehmer einschließlich Auszubildende, Bundesfreiwilligendienstleistende, ausgeschlossen geringfügig Beschäftigte.

Aufgaben:

Die Arbeitsförderung soll dem Entstehen von Arbeitslosigkeit entgegenwirken, die Dauer der Arbeitslosigkeit verkürzen und den Ausgleich von Angebot und Nachfrage auf dem Ausbildungs- und Arbeitsmarkt unterstützen (§1 SGB III).

Leistungen:

Nach § 3 Abs. 1 SGB III erhalten **Arbeitnehmer** u. a. folgende Leistungen:

➤ **Berufsberatung** sowie Ausbildungs- und Arbeitsvermittlung,

➤ **Berufsausbildungsbeihilfe** während einer beruflichen Ausbildung,

➤ **Arbeitslosengeld** während Arbeitslosigkeit, bei beruflicher Weiterbildung,

➤ **Kurzarbeitergeld** bei Arbeitsausfall,

➤ **Insolvenzgeld** bei Zahlungsunfähigkeit des Arbeitgebers.

Nach § 3 Abs. 2 SGB III erhalten **Arbeitgeber** u. a. folgende Leistungen:

➤ **Arbeitsmarktberatung** sowie Ausbildungs- und Arbeitsvermittlung,

➤ **Zuschüsse** zur Ausbildungsvergütung für die betriebliche Aus- oder Weiterbildung und weitere Leistungen zur Teilhabe behinderter und schwerbehinderter Menschen,

➤ **Erstattung von Beiträgen** zur Sozialversicherung für Bezieher von Saison-Kurzarbeitergeld.

Nach § 3 Abs. 3 SGB III erhalten **Träger von Arbeitsförderungsmaßnahmen** folgende Leistungen:

➤ **Zuschüsse** zu zusätzlichen Maßnahmen der betrieblichen Berufsausbildung, Berufsausbildungsvorbereitung und Einstiegsqualifizierung,

➤ **Übernahme der Kosten** für die Berufsausbildung in einer außerbetrieblichen Einrichtung,

➤ **Darlehen und Zuschüsse** für Einrichtungen der beruflichen Rehabilitation.

Finanzierung:

Durch Arbeitnehmer und Arbeitgeber (i. d. R. je zur Hälfte; zurzeit [2019] 2,5 % des Bruttoentgelts), Umlagen, Bundesmittel, Beiträge der freiwilligen Weiterversicherung usw. Das Arbeitseinkommen ist aber sozialversicherungspflichtig nur bis zur Höhe der sogenannten Beitragsbemessungsgrenze (BBG), die jährlich an die Entwicklung der Bruttoarbeitsentgelte angepasst wird. Zudem gibt es bei den Sozialversicherungszweigen Unterschiede der BBG in der Höhe und teilweise nach West- und Ost-Deutschland. (2019: BBG West: 80 400,00 € pro Jahr und 6 700,00 € pro Monat, BBG Ost: 73 800,00 € pro Jahr und 6 150,00 € pro Monat)

3.1.3 Krankenversicherung (5. Buch SGB – Gesetzliche Krankenversicherung)

Beherrschen Sie die folgende Kompaktdarstellung?

Versicherungsträger:

Allgemeine Ortskrankenkassen (AOK), Betriebskrankenkassen (BKK), Deutsche Rentenversicherung Knappschaft-Bahn-See (KBS), Ersatzkassen (EK), Innungskrankenkassen (IKK), Landwirtschaftliche Krankenkassen (LKK)

Versicherte:

Arbeitnehmer, die ein bestimmtes Bruttogehalt nicht überschreiten (2019: 5 062,50 € pro Monat, 60 750,00 € pro Jahr), sind versicherungspflichtig. Der Versicherungspflichtige kann jedoch die Kassen frei wählen. Die Versicherungspflicht ergibt sich aus der sogenannten Versicherungspflichtgrenze bzw. Jahresarbeitsentgeltgrenze, die nicht mit der **Beitragsbemessungsgrenze** verwechselt werden darf. Diese **Versicherungspflichtgrenze** bestimmt, bis zu welcher Höhe des jährlichen Bruttoeinkommens ein Arbeitnehmer der Versicherungspflicht in der gesetzlichen Krankenversicherung unterliegt. Um in eine Privatkrankenversicherung wechseln zu können, muss der Arbeitnehmer im vergangenen und im laufenden Jahr ein Einkommen haben, das über der Versicherungspflichtgrenze liegt.

Aufgaben:

Sie soll dazu beitragen, die Gesundheit der Versicherten zu erhalten, wiederherzustellen oder ihren Gesundheitszustand zu bessern.

Leistungen:

Zur Verhütung von Krankheiten und von deren Verschlimmerung, für Vorsorgeuntersuchungen, zur Behandlung einer Krankheit und Entgeltersatz wie z. B. Krankengeld oder Entgeltfortzahlung vom Arbeitgeber usw.

Finanzierung:

Die Leistungen und sonstigen Ausgaben der Krankenkassen werden durch Beiträge finanziert. Dazu entrichten die Mitglieder und die Arbeitgeber paritätisch Beiträge (2019: 14,6 % des Bruttoentgelts), die sich in der Regel nach den beitragspflichtigen Einkommen der Mitglieder richten. Jede Krankenkasse kann individuell einen Zusatzbeitrag festlegen, der für das Jahr 2019 geschätzt durchschnittlich bei 0,9 % liegt. Auch den Zusatzbeitrag teilen sich die Arbeitgeber und die Arbeitnehmer. Die Beiträge für die Kranken-, Pflege-, Renten- und Arbeitslosenversicherung werden i. d. R. vom Arbeitgeber an die jeweilige Krankenkasse gezahlt und von dort an die jeweiligen Sozialversicherungsträger weitergeleitet. Für versicherte Familienangehörige werden Beiträge nicht erhoben.

Der o. a. Beitragssatz von 14,6 % ist der sogenannte „allgemeine Beitragssatz". Dieser gilt für alle gesetzlich krankenversicherte Arbeitnehmer, d. h. Pflichtversicherte und freiwillig Versicherte. Daneben gibt es einen „ermäßigten Beitragssatz" für freiwillig versicherte Selbstständige, Personen die Vorruhestandsgeld, eine Rente wegen Erwerbsminderung oder Beamten-Ruhegehalt beziehen, und Personen in Einrichtungen der Jugendhilfe von 14,0 %. Für diesen Personenkreis besteht kein Anspruch auf Krankengeld wie beim allgemeinen Beitragssatz. Da erhalten die Arbeitnehmer in den ersten sechs Wochen der Krankheit eine Entgeltfortzahlung vom Arbeitgeber. Ab dem 43. Krankheitstag erhalten sie dann Krankengeld von der Krankenkasse.

(2019: BBG West und Ost: 54 450,00 € pro Jahr und 4 537,50 € pro Monat)

3.1.4 Rentenversicherung (6. Buch SGB – Gesetzliche Rentenversicherung)

Beherrschen Sie die folgende Kompaktdarstellung?

Versicherungsträger:

Die Aufgaben der gesetzlichen Rentenversicherung werden von **Regionalträgern** und Bundesträgern wahrgenommen. Der Name der Regionalträger besteht aus der Bezeichnung „Deutsche Rentenversicherung" und einem Zusatz für ihre jeweilige regionale Zuständigkeit wie z.B. Rheinland. Bundesträger sind die **Deutsche Rentenversicherung Knappschaft-Bahn-See** und die **Deutsche Rentenversicherung Bund,** die auch die Grundsatz- und Querschnittsaufgaben und die gemeinsamen Angelegenheiten der Träger der Rentenversicherung wahrnehmen.

Versicherte:

Pflichtversichert sind alle Arbeitnehmer, Auszubildende, bestimmte selbstständig Tätige wie z.B. nichtbeamtete Lehrer, Hebammen, Künstler, Handwerksmeister; weiter Personen im Bundesfreiwilligendienst, Mütter oder Väter während der Kindererziehungszeiten usw. Landwirte sind in der Alterssicherung der Landwirte pflichtversichert. Beamte, Richter, Berufssoldaten usw. sind grundsätzlich versicherungsfrei und erhalten auch keine Leistungen aus der Rentenversicherung. Freiwillige Versicherung ist nach Vorliegen bestimmter Voraussetzungen möglich.

Aufgaben:

Finanzielle Absicherung der Versicherten und ihrer Familien im Alter, bei Tod, bei Berufs- oder Erwerbsunfähigkeit.

Leistungen:

Rentenzahlungen, Leistungen zur Rehabilitation, Zuschüsse zu den bzw. Zahlung der Krankenkassenbeiträge der Rentner.

Finanzierung:

Überwiegend durch Beiträge der Versicherten (2019: 18,6 % des Bruttoentgelts) und deren Arbeitgeber sowie durch Bundeszuschüsse und Einnahmen der Rentenversicherungsträger. Es gilt das **„Generationenprinzip":** Die heutigen Berufstätigen sollen durch ihre Beiträge die Renten der aus dem Arbeitsprozess ausgeschiedenen Älteren finanzieren, wobei die Erwartung besteht, dass die nachfolgende junge Generation dann später die Renten für die Älteren bezahlt. (2019: BBG West: 80 400,00 € pro Jahr und 6 700,00 € pro Monat, BBG Ost: 73 800,00 € pro Jahr und 6 150,00 € pro Monat)

3.1.5 Unfallversicherung (7. Buch SGB – Gesetzliche Unfallversicherung)

Beherrschen Sie die folgende Kompaktdarstellung?

Versicherungsträger:

Gewerblichen Berufsgenossenschaften (BG), landwirtschaftliche BG, Unfallkassen des Bundes, der Eisenbahn, der Post und Telekom, der Länder, Gemeindeunfallversicherungsverbände und Unfallkassen der Gemeinden, Feuerwehr-Unfallkassen und die gemeinsamen Unfallkassen für den Landes- und den kommunalen Bereich.

Versicherte:

Pflichtversicherte: Beschäftigte, Kinder, die Tageseinrichtungen oder Kindergärten besuchen, Schüler und Studenten, Auszubildende, Landwirte, Helfer bei Unglücksfällen, Blut- oder Organspender usw.

Freiwillig Versicherte: Unternehmer (mit Ausnahmen wie z. B. Friseure, da diese aufgrund des hohen Risikos von Berufskrankheiten pflichtversichert sind), Selbstständige, mitarbeitende Ehegatten usw.

Aufgaben:

Schutz der Versicherten vor Unfallgefahren und den aus Unfällen resultierenden wirtschaftlichen Folgen.

Leistungen:

Leistungsansprüche entstehen nicht nur allein durch Arbeits- und Wegeunfälle, sondern auch durch Berufskrankheiten. Bei den Leistungen handelt es sich um Krankenhilfe für Heilbehandlungen, Übergangsgelder für die Zeit der unfallbedingten Arbeitsunfähigkeit, Berufshilfe zur Wiedereingliederung in das Arbeitsleben, Verletzten- und Hinterbliebenenrente, Sterbegeld usw. Weiterhin zählen aber auch Leistungen zur Unfallverhütung dazu wie Aufklärung, Belehrung und Überwachung.

Finanzierung:

Sie finanziert sich durch ein Umlageverfahren allein durch die Beiträge der Mitgliedsunternehmen. Die Beitragshöhe richtet sich nach dem Finanzbedarf des Unfallversicherungsträgers („Umlagesoll"), nach der Lohnsumme der Arbeitnehmer sowie nach der Gefahrenklasse, die die Berufsgenossenschaft für die Branche bzw. das Unternehmen festsetzt.

3.1.6 Pflegeversicherung (11. Buch SGB – Soziale Pflegeversicherung)

Beherrschen Sie die folgende Kompaktdarstellung?

Versicherungsträger:

Allgemeine Ortskrankenkassen (AOK), Betriebskrankenkassen (BKK), Deutsche Rentenversicherung Knappschaft-Bahn-See (KBS), Ersatzkassen (EK), Innungskrankenkassen (IKK), Landwirtschaftliche Krankenkassen (LKK)

Versicherte:

Versicherungspflichtig sind die versicherungspflichtigen Mitglieder der gesetzlichen Krankenversicherung.

Aufgaben:

Die Pflegeversicherung hat die Aufgabe, Pflegebedürftigen Hilfe zu leisten, die wegen der Schwere der Pflegebedürftigkeit auf solidarische Unterstützung angewiesen sind.

Leistungen:

Es sind Dienst-, Sach- und Geldleistungen für den Bedarf an Grundpflege und hauswirtschaftlicher Versorgung sowie Kostenerstattung. Art und Umfang der Leistungen richten sich nach der Schwere der Pflegebedürftigkeit und danach, ob häusliche, teilstationäre oder vollstationäre Pflege in Anspruch genommen wird.

Finanzierung:

Die Arbeitgeber und Arbeitnehmer zahlen im Normalfall die Hälfte des Beitrages (2019: 3,05 % des Bruttoentgelts, Ausnahme Sachsen: Arbeitgeber zahlt 1,025 %, Arbeitnehmer zahlt 2,025 % + evtl. 0,25 %). Zur Entlastung der Arbeitgeber wurde in den meisten Bundesländern ein gesetzlicher Feiertag abgeschafft. Ausnahme wie z. B. der Kinderlosenzuschlag für Kinderlose vom 23. Lebensjahr an von 0,25 % zahlt der Arbeitnehmer alleine. Die Rentner zahlen den Beitrag ebenfalls in voller Höhe alleine. (2019: BBG West und Ost: 54 450,00 € pro Jahr und 4 537,50 € pro Monat)

3.2 Sozialgerichtsbarkeit

Was ist Sozialgerichtsbarkeit?

Die Sozialgerichtsbarkeit wird durch unabhängige, von den Verwaltungsbehörden getrennte, besondere Verwaltungsgerichte ausgeübt: die Sozialgerichte, die Landessozialgerichte und das Bundessozialgericht. Das Verfahrensrecht (also das Recht zur Regelung juristischer Abläufe) der Sozialgerichtsbarkeit wird überwiegend im **Sozialgerichtsgesetz (SGG)** geregelt.

Welche Zuständigkeitsbereiche und Aufgaben hat die Sozialgerichtsbarkeit?

Die Zuständigkeit der Gerichte der Sozialgerichtsbarkeit ist gesetzlich genau geregelt. Sie sind vor allem auf folgenden Sachgebieten zuständig, die zusammengefasst als „Angelegenheiten der sozialen Sicherheit" bezeichnet werden können:

➤ gesetzliche **Rentenversicherung**
➤ gesetzliche **Unfallversicherung**
➤ gesetzliche **Krankenversicherung**
➤ soziale **Pflegeversicherung**
➤ **Künstlersozialversicherung**
➤ **Vertrags(-zahn-)arztrecht**
➤ Aufgaben der **Bundesagentur für Arbeit** (neben der Arbeitslosenversicherung z. B. auch Insolvenzgeld)
➤ **Grundsicherung für Arbeitsuchende**
➤ **Sozialhilfe** und Asylbewerberleistungsgesetz
➤ **soziale Entschädigung** bei Gesundheitsschäden, u. a. Kriegsopferversorgung, Soldatenversorgung, Impfschadensrecht, Gewaltopferentschädigung und bestimmte Angelegenheiten nach dem Schwerbehindertenrecht
➤ sonstige staatliche Transferleistungen (z. B. Elterngeld)

Die sachliche Zuständigkeit der Gerichte der Sozialgerichtsbarkeit deckt damit alle wesentlichen Bereiche des **Systems der sozialen Sicherheit** in der Bundesrepublik Deutschland ab. In Angelegenheiten der Sozialhilfe und der Grundsicherung für Arbeitsuchende lässt der Gesetzgeber den Ländern die Möglichkeit, die Sozialgerichtsbarkeit durch besondere Spruchkörper (Entscheidungsorgane bzw. Kammern und Senate) der Verwaltungsgerichtsbarkeit selbst auszuüben.

Wie ist der Instanzenweg der Sozialgerichtsbarkeit?

Die Gerichte sind **unabhängig** und insbesondere von den Verwaltungsbehörden **organisatorisch getrennt**. Die Sozialgerichtsbarkeit ist – wie in der Verwaltungsgerichtsbarkeit und anders als bei der Finanzgerichtsbarkeit – **dreistufig** gegliedert. Gerichte der Sozialgerichtsbarkeit sind in den Ländern die **Sozialgerichte** (im gesamten Bundesgebiet 69) und die **Landessozialgerichte** (je Bundesland eines, mit drei Ausnahmen: Für Niedersachsen und Bremen besteht ein gemeinsames Landessozialgericht in Celle mit einer Zweigstelle in Bremen und für Berlin und Brandenburg ein gemeinsames Landessozialgericht in Potsdam. Bayern weist neben dem Landessozialgericht in München eine Zweigstelle in Schweinfurt auf). Als oberster Gerichtshof des Bundes besteht das **Bundessozialgericht**.

➤ In **erster Instanz** entscheiden grundsätzlich die **Sozialgerichte** (die Spruchkörper heißen „Kammern"). Lediglich in eng begrenzten Ausnahmen (z. B. bei bestimmten Streitigkeiten zwischen Bund und Ländern oder zwischen verschiedenen Ländern) entscheidet das Bundessozialgericht in erster und letzter Instanz. Das Sozialgericht ist **Tatsachengericht** und hat damit den Streitstoff in rechtlicher wie auch in tatsächlicher Hinsicht zu überprüfen. Demgemäß betreibt es auch selbst Sachaufklärung, z. B. durch Vernehmung von Zeugen, Einholung von Gutachten usw. Diese Sachaufklärung hat von Amts wegen zu erfolgen und somit auch ohne entsprechende Anträge oder Anregungen der Prozessbeteiligten.

➤ Über die **Berufung** gegen ein Urteil des Sozialgerichts entscheidet das **Landessozialgericht** (die Spruchkörper heißen „Senate") in **zweiter Instanz**. Das Berufungsgericht ist ebenso wie das erstinstanzliche Gericht Tatsachengericht.

➤ Das **Bundessozialgericht** (der Spruchkörper heißt „Senat") entscheidet als **letzte Instanz** über **Revisionen** gegen Urteile des Landessozialgerichts. Unter bestimmten Voraussetzungen kann ausnahmsweise auch gegen ein Urteil des Sozialgerichts Revision unmittelbar beim Bundessozialgericht eingelegt werden (sogenannte „Sprungrevision"). Das BSG hat grundsätzlich nur über Rechtsfragen zu entscheiden.

In allen drei Instanzen der Sozialgerichtsbarkeit wirken an den Urteilen **Berufsrichter und ehrenamtliche Richter** mit. Die Sozialgerichte sind mit einem Berufsrichter und zwei ehrenamtlichen Richtern besetzt und die Landessozialgerichte und das Bundessozialgericht mit jeweils drei Berufsrichtern und zwei ehrenamtlichen Richtern.

3.3 Eigene Vorsorge

Was versteht man unter eigener Vorsorge?

Mit Vorsorge ist die Altersvorsorge gemeint, die notwendig wird, wenn der Mensch im Alter und/oder nach Beendigung seiner Erwerbstätigkeit seinen Lebensunterhalt auf einem beabsichtigten Standard weiter aufrechterhalten will.

Wie ist das Drei-Säulen-Modell der Vorsorge aufgebaut?

Heutzutage basiert diese Altersvorsorge auf den sogenannten „drei Säulen":

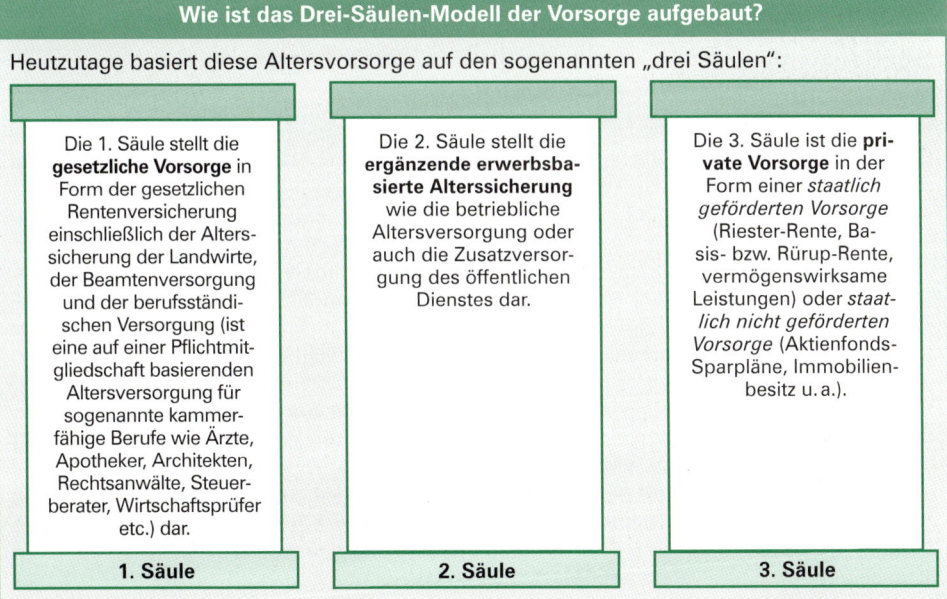

Die 1. Säule stellt die **gesetzliche Vorsorge** in Form der gesetzlichen Rentenversicherung einschließlich der Alterssicherung der Landwirte, der Beamtenversorgung und der berufsständischen Versorgung (ist eine auf einer Pflichtmitgliedschaft basierenden Altersversorgung für sogenannte kammerfähige Berufe wie Ärzte, Apotheker, Architekten, Rechtsanwälte, Steuerberater, Wirtschaftsprüfer etc.) dar.

1. Säule

Die 2. Säule stellt die **ergänzende erwerbsbasierte Alterssicherung** wie die betriebliche Altersversorgung oder auch die Zusatzversorgung des öffentlichen Dienstes dar.

2. Säule

Die 3. Säule ist die **private Vorsorge** in der Form einer *staatlich geförderten Vorsorge* (Riester-Rente, Basis- bzw. Rürup-Rente, vermögenswirksame Leistungen) oder *staatlich nicht geförderten Vorsorge* (Aktienfonds-Sparpläne, Immobilienbesitz u. a.).

3. Säule

Die Riester-Rente ist eine privat finanzierte Rente, die durch Zulagen und auch durch Abzugsmöglichkeiten in der Einkommensteuer als Sonderausgaben eine staatliche Förderung erfährt. Die Rürup-Rente ist eine private, kapitalgedeckte Rentenversicherung, die steuerlich gefördert wird. Bei ihr wird eine monatliche, lebenslange Rente (frühestens ab Vollendung des 60. Lebensjahrs) zugesagt. Die vermögenswirksamen Leistungen sind eine tarifvertraglich oder durch Arbeitsvertrag vereinbarte Geldleistung des Arbeitgebers (entsprechend dem Vertrag kann auch der Arbeitnehmer selbst etwas hinzuzahlen), die durch den Staat mittels Arbeitnehmersparzulage gefördert wird. Dies dient mittlerweile in manchen Branchen (z. B. Metall- und Elektroindustrie, Holz und Kunststoff verarbeitende Industrie) nicht nur zur Vermögensbildung, sondern zum gezielten Aufbau einer zusätzlichen Altersversorgung.

Die private Vorsorge basiert auf dem **Kapitaldeckungsverfahren**. Hierbei werden die Beiträge angespart und verzinst oder in andere Anlageformen wieder investiert. Im Rentenalter wird dann aus dem aufgebauten Kapital sowie den Erträgen eine Rente ausgezahlt. Im Gegensatz dazu gibt es das **Umlageverfahren,** wie es in der gesetzlichen Rentenversicherung Anwendung findet. Hierbei werden die Rentenleistungen eines Jahres aus den Beiträgen der Erwerbstätigen des gleichen Jahres finanziert, die nicht durch aufgebautes Kapital gedeckt sind.

Diese Möglichkeiten finden durch das **Altersvermögensgesetz (AvmG)** vom 26. Juni 2001 Unterstützung. Einerseits fördert es durch Steuervergünstigungen die kapitalgedeckte Altersvorsorge und andererseits wurde damit versucht, die gesetzliche Rentenversicherung zu reformieren.

Die vorgestellten Vorsorgealternativen basieren u. a. auf den beiden nachfolgenden Prinzipien:

> **Subsidiarität** (dies bedeutet, dass Eigenverantwortung vor staatlichem Handeln zu stellen ist) und
> **Eigenverantwortung** (jeder hat für sich selbst die Verantwortung für sein Tun, Unterlassen oder Reden zu tragen; dies spiegelt sich in der Redewendung „sein Schicksal in die eigene Hand nehmen" wider).

Die Verfolgung dieser Prinzipien wurde insbesondere durch die Entwicklung des staatlichen Sozialsystems notwendig.

Welche Probleme der sozialen Sicherung gibt es?

Durch folgende gesellschaftlichen Veränderungen und Begebenheiten wurde und wird u. a. das Sozialsystem in seiner Funktionsfähigkeit gestört:

> In der demografischen Entwicklung sind zwei Veränderungen festzustellen, die sich negativ auf das Sozialsystem auswirken. Zum einen, der **Geburtenrückgang**. Daraus folgt, dass immer weniger Beiträge in die Sozialversicherung fließen. Dafür müssen aber andererseits **immer mehr ältere Menschen** durch die Sozialversicherung unterstützt werden, da die Lebenserwartung der Menschen permanent steigt. Einerseits erhalten sie immer länger Rente und andererseits benötigen sie in größerem Umfang intensive medizinische Betreuung und Pflege.
> Weiterhin haben wir seit Jahrzehnten ein Problem mit der **Arbeitslosigkeit**. Dadurch werden weniger Beiträge in die Sozialversicherung eingezahlt, dafür aber immer mehr an Unterstützung der Arbeitslosen ausgezahlt.
> Eine weitere Belastung der Sozialversicherung erfuhr diese durch die **Wiedervereinigung der beiden deutschen Staaten** am 3. Oktober 1990. Die Kosten der Wiedervereinigung wurden nicht nur über allgemeine Steuern und den Solidaritätsbeitrag finanziert, sondern auch über die Sozialversicherung.

Dies sind nur einige Veränderungen und Gründe, die dazu führten, dass die Sozialversicherung sehr stark belastet wurde und wird, insbesondere in den Sozialversicherungszweigen Kranken- und Pflegeversicherung, Rentenversicherung und Arbeitslosenversicherung. Das exemplarische Beispiel der Krankenversicherung mit seinen einerseits immer mehr steigenden Beiträgen zur Finanzierung und andererseits mit der starken Reduzierung an Versicherungsleistungen, zeigt, dass die Menschen sich nicht mehr alleine auf die gesetzliche soziale Sicherung verlassen können und dürfen, sondern **eigene Vorsorge** betreiben müssen.

PRÜFUNGSTRAINING

Aufgabe 1

Die fünf Sozialversicherungsträger nehmen die in ihrem Versicherungszweig anfallenden Aufgaben wahr.

Bei welchen der nachfolgenden Institutionen handelt es sich dabei um Träger der gesetzlichen

① Arbeitslosenversicherung
② Krankenversicherung
③ Pflegeversicherung
④ Rentenversicherung
⑤ Unfallversicherung?

Tragen Sie die Ziffer vor der jeweils zutreffenden Antwort in das Kästchen ein. Zwei Antworten sind möglich!

Institutionen

a) Allgemeine Ortskrankenkasse (AOK) _____ ☐ ☐
b) Bundesagentur für Arbeit _____ ☐ ☐
c) Deutsche Rentenversicherung Rheinland _____ ☐ ☐
d) Deutsche Rentenversicherung Bund _____ ☐ ☐
e) Innungskrankenkasse (IKK) _____ ☐ ☐
f) Landwirtschaftliche Berufsgenossenschaft _____ ☐ ☐
g) Pflegekasse der Barmer _____ ☐ ☐

Aufgabe 2

Die gesetzliche Sozialversicherung in Deutschland ist ein wesentlicher Bereich des sozialen Netzes.

Welche der nachstehenden Aussagen treffen in diesem Zusammenhang

① nur auf die Arbeitslosenversicherung
② nur auf die Krankenversicherung
③ nur auf die Pflegeversicherung
④ nur auf die Rentenversicherung
⑤ nur auf die Unfallversicherung
⑥ auf mehrere/alle der vorgenannten Sozialversicherungen
⑦ auf keine der vorgenannten Sozialversicherungen

zu?

Tragen Sie die Ziffer vor der jeweils zutreffenden Antwort in das Kästchen ein!

Aussagen

a) Der Versicherungsschutz beruht bei der ... auf einem vom Versicherten freiwillig abgeschlossenen Versicherungsvertrag._____ ☐

b) Die Beitragsbemessungsgrenze liegt bei der ... zurzeit bei einem Bruttoentgelt von 6 700,00 € (Westdeutschland). _____ ☐

c) Zurzeit beträgt der Beitragssatz zur ... 18,6 % des Bruttoentgelts eines Arbeitnehmers. _____ ☐

d) Zur Entlastung der Arbeitgeber wurde bei der Einführung der ... in den meisten Bundesländern ein gesetzlicher Feiertag abgeschafft. _____ ☐

e) Die Beiträge zur ... trägt alleine der Arbeitgeber._____ ☐

f) Je nach Versicherungsträger sind die Beitragssätze in der ... unterschiedlich hoch. ____ ☐

Aufgabe 3

Mithilfe der gesetzlichen Sozialversicherung kann der Bürger unter gewissen Voraussetzungen soziale und wirtschaftliche Existenzrisiken abdecken.

Stellen Sie fest, welche der nachfolgenden Aussagen zu den Prinzipien der gesetzlichen Sozialversicherung zutreffen.

Aussagen

① Das System der gesetzlichen Sozialversicherung beinhaltet die Versicherungszweige Arbeitslosen-, Kranken-, Pflege-, Renten- und Unfallversicherung.

② Im System der gesetzlichen Sozialversicherung wird der Leistungsumfang für jeden Versicherten jeweils individuell vereinbart.

③ Der Grundgedanke der gesetzlichen Sozialversicherung ist das Prinzip der gemeinschaftlichen Vorsorge.

④ Das System der gesetzlichen Sozialversicherung ist eine Gefahrengemeinschaft, die generell aufgrund gesetzlichen Zwangs besteht.

⑤ Im System der gesetzlichen Sozialversicherung richtet sich die Beitragshöhe nur nach dem persönlichen Risiko der Versicherten.

⑥ Im System der gesetzlichen Sozialversicherung erfolgt nach dem Äquivalenzprinzip die Absicherung, sodass der Versicherte Leistungen entsprechend seiner Beitragshöhe erhält.

Tragen Sie die Ziffern vor den drei zutreffenden Aussagen in die Kästchen ein!_____ ☐ ☐ ☐

Aufgabe 4

Aus den fünf Sozialversicherungszweigen können die dort versicherten Personen Leistungen erhalten.

Zweige der Sozialversicherung

① Arbeitslosenversicherung

② Krankenversicherung

③ Pflegeversicherung

④ Rentenversicherung

⑤ Unfallversicherung

Stellen Sie fest, bei welchen der nachfolgenden Sachverhalte eine Leistung aus den oben genannten Sozialversicherungszweigen erfolgt.

Tragen Sie die Ziffer vor dem jeweils zutreffenden Sozialversicherungszweig in das Kästchen ein!

Sachverhalte

a) Ein 40-jähriger Lagermeister erhält Hilfszahlungen während seiner viermonatigen Erwerbslosigkeit. _____ ☐

b) Ein 75-jähriger Mann wird durch seinen Enkel betreut und versorgt. Dafür erhält er einen festgesetzten monatlichen Geldbetrag. _____ ☐

c) Ein Arbeitnehmer verstirbt an den Folgen eines Arbeitsunfalls. Seiner Ehefrau wird eine Hinterbliebenenrente gezahlt. _____ ☐

d) Ein 65-jähriger Lagerarbeiter erhält mit Erreichen der Altersgrenze Altersruhegeld. ____ ☐

e) Eine 30-jährige Fachkraft für Lagerlogistik muss nach einem Autounfall auf dem Weg in ihren Ferienort in einem Krankenhaus behandelt werden. _____ ☐

f) Ein 50-jähriger Lagerleiter erhält aufgrund einer Erwerbsunfähigkeit monatliche Geldleistungen. _____ ☐

g) Ein 22-jähriger FKL-Auszubildender verunglückt auf dem Weg in die Berufsschule und muss im Krankenhaus behandelt werden. _____ ☐

h) Eine 18-jährige Schülerin informiert sich über den Ausbildungsberuf Fachkraft für Lagerlogistik bei der Berufsberatung der Bundesagentur für Arbeit. _____ ☐

Aufgabe 5

Die Versicherten der gesetzlichen Sozialversicherung können sehr unterschiedliche Leistungen in Anspruch nehmen.

Stellen Sie fest, welche der unten stehenden Leistungen in diesem Zusammenhang durch

① die gesetzliche Arbeitslosenversicherung

② die gesetzliche Krankenversicherung

③ die gesetzliche Pflegeversicherung

④ die gesetzliche Rentenversicherung

⑤ die gesetzliche Unfallversicherung

⑥ keine der vorgenannten Sozialversicherungen

abgedeckt werden.

Tragen Sie die Ziffer vor der jeweils zutreffenden Antwort in das Kästchen ein!

Leistungen

a) Berufsberatung _____ ☐

b) Entschädigung für geleistete Betreuung _____ ☐

c) Finanzielle Leistungen an Erwerbslose _____ ☐

d) Finanzieller Ersatz bei Einbruchdiebstählen _____ ☐

e) Gewährung eines monatlichen Pflegegeldes _____ ☐

f) Heilbehandlung bei Berufskrankheiten _____ ☐

g) Kosten für ausbildungsbegleitende Maßnahmen (abH) aufgrund fehlenden fachlichen Wissens _____ ☐

h) Heilbehandlung nach Unfällen auf dem Weg zum Arbeitsplatz _____ ☐

i) Kurzarbeitergeld _____ ☐

j) Maßnahmen zur Erhaltung und Wiederherstellung der Arbeitskraft _____ ☐

k) Mutterschaftshilfe _____ ☐

l) Rehabilitationsmaßnahmen aufgrund eines Arbeitsunfalls nach langer Arbeitsunfähigkeit _____ ☐

m) Unterstützungsgeld für die Betreuung des bettlägerigen Vaters in seinem Haushalt ____ ☐

n) Vorsorgeuntersuchungen _____ ☐

4 Hummel u.a.-ISBN 978-3-8120-0598-2

o)   Zahlung von Altersruhegeld _____ ☐
p)   Zahnärztliche Behandlung _____ ☐

Aufgabe 6

Die 78-jährige Rentnerin Frau Schmitz ist durch einen selbst verschuldeten Autounfall sehr stark gehbehindert. Sie ist geistig noch fit und wohnt auch weiterhin alleine. Sie ist aber auf Hilfe beim An- und Ausziehen, Baden und Waschen angewiesen. Deshalb kommt eine Mitarbeiterin einer Sozialeinrichtung täglich zu Frau Schmitz, um ihr dabei zu helfen. Die monatlichen Kosten dafür betragen 1 200,00 €.

Prüfen Sie, von welchem gesetzlichen Sozialversicherungszweig Frau Schmitz möglicherweise einen Kostenzuschuss erhalten könnte!

① Arbeitslosenversicherung
② Krankenversicherung
③ Pflegeversicherung
④ Rentenversicherung
⑤ Unfallversicherung

Tragen Sie die Ziffer vor der zutreffenden Antwort in das Kästchen ein! _____ ☐

Aufgabe 7

Die Grundlage der gesetzlichen Rentenversicherung stellt der sogenannte Generationenvertrag dar.

Erklären Sie, was unter dem Generationenvertrag zu verstehen ist!

① Alle alten Menschen werden von allen jungen Menschen direkt finanziell unterstützt.
② Die gesetzliche Rente der Rentenempfänger wird durch die noch arbeitenden Arbeitnehmer mit ihren Beiträgen finanziert.
③ Jede Generation muss für ihre Altersvorsorge finanziell selber aufkommen.
④ Jede Generation sammelt mit der gesetzlichen Sozialversicherung Erfahrungen, die dann an die nächste Generation weitergegeben wird.
⑤ Nur wer Kinder hat und so die nächste Generation großzieht, hat Anspruch auf Rente.

Tragen Sie die Ziffer vor der zutreffenden Antwort in das Kästchen ein! _____ ☐

Aufgabe 8

Der Auszubildende zur Fachkraft für Lagerlogistik fährt nach der Arbeit nicht direkt nach Hause, sondern zuerst zu seiner Freundin. Auf dem Nachhauseweg am späten Abend stürzt er und zieht sich leichte Abschürfungen und Prellungen zu. Sein Arzt schreibt ihn für vier Tage arbeitsunfähig. Stellen Sie fest, von wem er welchen „Entgeltersatz" für die vier Tage erhält!

① Krankengeld vom Arbeitgeber
② Krankengeld von der Krankenkasse
③ Entgeltfortzahlung vom Arbeitgeber
④ Entgeltfortzahlung von der Berufsgenossenschaft
⑤ Verletztengeld von der Berufsgenossenschaft

Tragen Sie die Ziffer vor der zutreffenden Antwort in das Kästchen ein! _____ ☐

Aufgabe 9

Die Beiträge zur gesetzlichen Unfallversicherung wurden von ihrem Träger erhöht. Wer muss nun diese Beiträge zahlen?

① Arbeitnehmer und Arbeitgeber je zur Hälfte
② Die Berufsgenossenschaft
③ Die Krankenkasse
④ Nur der Arbeitgeber
⑤ Nur der Arbeitnehmer

Tragen Sie die Ziffer vor der zutreffenden Antwort in das Kästchen ein! _____ ☐

Aufgabe 10

Sie erhalten im Anschluss an die Entgeltfortzahlung des Arbeitgebers Leistungen für Ihren Lebensunterhalt. Wer muss diese Leistungen zahlen?

① Die Berufsgenossenschaft
② Die Bundesagentur für Arbeit
③ Die Deutsche Rentenversicherung Bund
④ Die Krankenkasse
⑤ Die Pflegekasse

Tragen Sie die Ziffer vor der zutreffenden Antwort in das Kästchen ein! _____ ☐

Aufgabe 11

In Ihrer Gehaltsabrechnung befinden sich bei den Abzügen die Beiträge zur gesetzlichen Sozialversicherung. Welche Institution erhält von Ihrem Arbeitgeber diese Beiträge?

① Das Finanzamt
② Die Berufsgenossenschaft
③ Die Bundesagentur für Arbeit
④ Die Deutsche Rentenversicherung Bund
⑤ Ihre Krankenkasse

Tragen Sie die Ziffer vor der zutreffenden Antwort in das Kästchen ein! _____ ☐

Aufgabe 12

Die Zuständigkeiten der Gerichte der Sozialgerichtsbarkeit sind gesetzlich geregelt.
Welches der nachfolgenden Sachgebiete gehört **nicht** zu deren Zuständigkeit?

① Gesetzliche Rentenversicherung
② Insolvenzgeld
③ Elterngeld
④ Kündigungsschutz
⑤ Sozialhilfe

Tragen Sie die Ziffer vor der zutreffenden Antwort in das Kästchen ein! _____ ☐

Aufgabe 13

Ordnen Sie den unten stehenden Begriffen und Sachverhalten die nachfolgenden Instanzen der Sozialgerichte zu.

① Sozialgericht
② Landessozialgericht
③ Bundessozialgericht

Tragen Sie die Ziffer vor der jeweils zutreffenden Antwort in das Kästchen ein.

Begriffe/Sachverhalte

a) Berufungsinstanz_____ ☐
b) Drei Berufsrichter und zwei ehrenamtliche Richter _____ ☐
c) Dritte Instanz _____ ☐
d) Ein Berufsrichter und zwei ehrenamtliche Richter _____ ☐
e) Erste Instanz _____ ☐
f) Kammer_____ ☐
g) Revisionsinstanz _____ ☐
h) Senat _____ ☐
i) Sprungrevisionsinstanz _____ ☐
j) Zweite Instanz _____ ☐

Aufgabe 14

Die Altersvorsorge basiert heutzutage auf den sogenannten drei Säulen.

Welche der nachstehenden Begriffe treffen in diesem Zusammenhang auf die unten stehenden Aussagen zu?

① Ergänzende erwerbsbasierte Alterssicherung
② Gesetzliche Vorsorge
③ Kapitaldeckungsverfahren
④ Private Vorsorge
⑤ Riester-Rente
⑥ Rürup-Rente
⑦ Umlageverfahren

Tragen Sie die Ziffer des Begriffs vor der jeweils zutreffenden Antwort in das Kästchen ein!

Aussagen

a) Die private Vorsorge basiert auf dem …. _____ ☐
b) Die … ist eine privat finanzierte Rente, die durch Zulagen und auch durch Abzugsmöglichkeiten in der Einkommensteuer als Sonderausgaben eine staatliche Förderung erfährt. _____ ☐
c) Die 1. Säule stellt die … in Form der gesetzlichen Rentenversicherung dar. _____ ☐
d) Beim … werden die Rentenleistungen eines Jahres aus den Beiträgen der Erwerbstätigen des gleichen Jahres finanziert, die nicht durch aufgebautes Kapital gedeckt sind. _____ ☐
e) Die 2. Säule stellt die … wie die betriebliche Altersversorgung dar. _____ ☐

f) Die ... ist eine private, kapitalgedeckte Rentenversicherung, die steuerlich gefördert wird. _____ ☐

g) Die 3. Säule ist die ... in der Form einer staatlich geförderten oder staatlich nicht geförderten Vorsorge. _____ ☐

Aufgabe 15

Die private Vorsorge kann durch unterschiedliche Vorsorgealternativen erfolgen. In diesem Zusammenhang ordnen Sie den unten stehenden Vorsorgealternativen eine der beiden möglichen Formen zu:

① für eine staatlich geförderte Vorsorge,

② für eine staatlich nicht geförderte Vorsorge.

Vorsorgealternativen

a) Aktienfonds-Sparpläne _____ ☐

b) Basis-Rente _____ ☐

c) Immobilienbesitz _____ ☐

d) Riester-Rente _____ ☐

e) Rürup-Rente _____ ☐

f) Vermögenswirksame Leistungen _____ ☐

4 Abrechnung und Besteuerung von Lohn- und Gehaltszahlungen

KOMPAKTWISSEN

4.1 Lohn- und Gehaltsabrechnung

Aus welchen Bestandteilen setzt sich die Lohn- und Gehaltsabrechnung zusammen?

Ein Arbeitnehmer verdient das im Arbeitsvertrag festgesetzte **Bruttogehalt.** „Brutto" bedeutet allerdings, dass noch die Abzüge für Sozialversicherungen (vgl. auch Kap. 3.1) und Steuern fällig werden. Somit wird zum vereinbarten Termin das **Nettogehalt** an den Arbeitnehmer überwiesen.

Beispiel:

Die Fachkraft für Lagerlogistik Bettina Thomas-Schrader (25 Jahre alt, konfessionslos, unverheiratet, keine Kinder) verdient nach ihrem Wechsel zu einer Bielefelder Spedition monatlich 2 800,00 € brutto. Wie hoch ist ihr Nettogehalt im nächsten Monat (Grundlage seien die jeweiligen Beiträge für 2019, s. Kap. 3.1)?

	Bruttogehalt	2 800,00 €
–	Krankenversicherungsbeitrag	– 219,80 €
	(14,6 % vom Bruttogehalt zuzüglich einen Zuschlag von 1,1 %	
	(AN und AG je zur Hälfte, hier sind also 7,85 %	
	auf das Bruttogehalt zu berechnen)	
–	Pflegeversicherungsbeitrag	– 49,70 €
	(3,05 % vom Bruttogehalt, der Arbeitgeber (AG) zahlt 1,525 %,	
	die Arbeitnehmerin (AN) zahlt 1,775 %, da Kinderlose	
	über 23 Jahre einen Zuschlag von 0,25 % zahlen)	
–	Arbeitslosenversicherungsbeitrag	– 35,00 €
	(2,5 % vom Bruttogehalt, AN und AG je zur Hälfte, hier also	
	1,25 % AN-Beitragsanteil auf das Bruttogehalt)	
–	Rentenversicherungsbeitrag	– 260,40 €
	(18,6 % vom Bruttogehalt, AN und AG je zur Hälfte, hier also 9,3 %	
	AN-Beitragsanteil auf das Bruttogehalt)	
–	Lohnsteuer	– 420,00 €
	(lt. Lohnsteuertabelle, z. B. 15 % vom Bruttogehalt)	
–	Solidaritätszuschlag	– 23,10 €
	(5,5 % auf die Lohnsteuer)	
–	Kirchensteuer	0,00 €
	(9% auf die Lohnsteuer, hier sind keine Kirchensteuern zu entrichten)	
=	Nettogehalt	1 792,00 €

Frau Thomas-Schrader bekommt monatlich ihr Nettogehalt in Höhe von 1 792,00 € überwiesen.

4.2 Steuern und Steuerklassen

Wie erfolgt die Besteuerung in den Lohnsteuerklassen?

Arbeitnehmerinnen und Arbeitnehmer müssen ihre Löhne und Gehälter aufgrund ihrer Einteilung in die jeweilige Lohnsteuerklasse versteuern. Die Einteilung orientiert sich in erster Linie an dem Familienstand des Arbeitnehmers, aber auch daran, ob es mehrere Beschäftigungsverhältnisse gibt. Ehepaare verfügen über ein Wahlrecht, wenn *beide* berufstätig sind. Einer kann in Lohnsteuerklasse 3, der andere Ehepartner in Lohnsteuerklasse 5 oder beide in Lohnsteuerklasse 4 versteuert werden.

Lohnsteuer-klasse	Der Arbeitnehmer/die Arbeitnehmerin ist …
1	unverheiratet im Hauptbeschäftigungsverhältnis
2	alleinerziehend mit mindestens einem Kind im Haushalt
3	verheiratet, der Ehepartner ist ebenfalls berufstätig, wird in Klasse 5 geführt
4	verheiratet, beide sind berufstätig, beide in Klasse 4
5	verheiratet, der Ehepartner ist ebenfalls berufstätig, wird in Klasse 3 geführt
6	in einem oder mehreren Nebenerwerbsverhältnissen beschäftigt, das oder die nach Klasse 6 veranlagt wird bzw. werden

Die Lohnsteuerklasse wird als **e**lektronisches **L**ohns**t**euer-**A**bzugs**m**erkmal (kurz ElStAM) in einer Datenbank der Finanzverwaltung gespeichert und den Arbeitgebern elektronisch für den Lohnsteuerabzug bereitgestellt. Aufgrund dieser Zuordnung wird die fällige Lohnsteuer berechnet und an das zuständige Finanzamt abgeführt (sog. Steuervorauszahlung).

Beispiel:

Frau Thomsen-Schrader ist unverheiratet und ohne Kinder in ihrem Hauptbeschäftigungsverhältnis bei der Spedition angestellt. Sie wird in der Lohnsteuerklasse 1 geführt.

4.3 Steuerpflicht und Steuertabelle, Bestandteile der Steuererklärung

Wie wird die tatsächliche Steuerpflicht, d. h. das zu versteuernde Einkommen des Arbeitnehmers ermittelt?

In der Regel erfolgt die Zahlung der Lohnsteuern durch den Arbeitgeber an das zuständige Finanzamt monatlich. Die Höhe wird aus der aktuellen Lohnsteuertabelle abgelesen. Die Zahlung stellt rechtlich gesehen eine Vorauszahlung des Arbeitnehmers an das Finanzamt dar.

Innerhalb eines Jahres können jedoch Änderungen erfolgen, aus denen eine Korrektur der Jahressteuerpflicht folgen muss, z. B. vorübergehende Arbeitslosigkeit, Elternzeit, Gehaltserhöhung, Heirat und der damit verbundene Wechsel in eine andere Steuerklasse. Durch eine Einkommensteuerveranlagung beim Finanzamt zu Beginn des Folgejahres, umgangssprachlich „Lohnsteuerjahresausgleich" genannt, kann ein Arbeitnehmer seine tatsächliche Steuerpflicht für das abgelaufene Jahr durch das Finanzamt überprüfen lassen.

Hier werden alle Einkünfte als Jahreseinkommen erfasst.

Beispiel:

Die Fachkraft für Lagerlogistik Tim Steinauer verdiente von Januar bis Ende Oktober monatlich 3 000,00 € brutto und leistete darauf seine monatliche Steuervorauszahlung. Er hätte demnach in dem Jahr auf insgesamt 36 000,00 € Bruttoeinkommen (also 12 x 3 000,00 €) die entsprechenden Lohnsteuern zu zahlen. Da er aber die letzten beiden Monate arbeitslos war, hätte er im ganzen Jahr nur 30 000,00 € aus unselbstständiger Arbeit verdient und nicht 36 000,00 €. Sein zu versteuerndes Einkommen wird also bei 30 000,00 € und nicht bei 36 000,00 € abzulesen sein. Er kann mit einer Steuerrückzahlung rechnen, da in den ersten 10 Monaten angenommen wurde, die 3 000,00 € wären auch im November und Dezember verdient worden.

Welche Bestandteile enthält die Steuererklärung?

In dem Vordruck für die Einkommensteuerveranlagung („Steuererklärung") sind neben den persönlichen Angaben weitere Felder auszufüllen. Hier eine Auswahl einiger sehr verbreiteter notwendiger Angaben:

Einkünfte aus
➤ nichtselbstständiger Arbeit,
➤ Kapitalvermögen,
➤ Wertpapier- oder Grundstücksveräußerungen

Neben den Einkünften sind insbesondere anzugeben:
➤ Angaben zu Kindern   ➤ Sonderausgaben
➤ Kirchensteuer   ➤ außergewöhnliche Belastungen
➤ Werbungskosten   ➤ Vorsorgeaufwendungen und Altersvorsorgebeiträge

Was versteht man unter Werbungskosten, Sonderausgaben und außergewöhnlichen Belastungen?

Möglichkeiten, die individuelle Steuerlast zu senken, sind die Berücksichtigung von Werbungskosten, von Sonderausgaben oder außergewöhnlichen Belastungen im Lohnsteuerjahresausgleich:

➤ **Werbungskosten** sind Kosten, die der Arbeitnehmer für seine Arbeit aufbringen muss, um diese Arbeitsstelle zu erhalten, z. B. Fahrtkosten zum Arbeitsplatz, Arbeitskleidung u. a.

➤ **Sonderausgaben** sind Ausgaben des Arbeitnehmers, die nicht den Werbungskosten zuzurechnen sind, dennoch als Privatausgaben von der Steuerlast abgezogen werden können, z. B. Vorsorgebeiträge wie Haftpflicht-, Kranken-, Pflege-, Rentenversicherung, Unfall- oder auch Lebensversicherungen für Alters- oder Hinterbliebenenvorsorge u. a., aber auch Aufwendungen für Steuerberatung, Unterhalt an geschiedene Ehegatten, Spenden u. a.

> **Außergewöhnliche Belastungen** sind nach §§ 33 ff. Einkommensteuergesetz (EStG) Ausgaben, die der Arbeitnehmer aufgrund einer speziellen Sachlage zwangsläufig zahlen musste, z. B. Ausgaben für Ausbildung, Beiträge für Kinderbetreuung, Beseitigung von Überschwemmungsschäden u. a

Macht der Arbeitnehmer diese Positionen in seiner Einkommensteuererklärung geltend, werden sie nach Prüfung durch das Finanzamt vom Jahreseinkommen abgezogen und das zu versteuernde Einkommen sinkt entsprechend.

Beispiel:

Karin Heidelbach verdiente im letzten Jahr als Fachkraft für Lagerlogistik bei einem Metallbaubetrieb in Stralsund 40 000,00 € (brutto). Da sie auf der Insel Rügen wohnt, hat sie insgesamt 2 340,00 € an Fahrtkosten zu tragen. Außerdem musste sie Fachliteratur im Wert von 160,00 € kaufen und ihre Arbeitskleidung für 200,00 € ersetzen. Die Reinigungskosten für ihre Arbeitskleidung betrugen insgesamt 150,00 €.

Sie setzt in ihrem Lohnsteuerjahresausgleich somit insgesamt 2 850,00 € als Werbungskosten an.

Zusätzlich hofft sie, dass als Sonderausgaben ihre Beiträge zu ihren Lebensversicherungen (1 200,00 €), eine Spende für die Altenbetreuung in ihrer Kirchengemeinde (200,00 €) und die Beiträge für ihre gesetzliche Sozialversicherung (6 000,00 €) berücksichtigt werden.

Außerdem gibt sie insgesamt 4 500,00 € als außergewöhnliche Belastungen aufgrund ihrer Beiträge für den Kindergarten (3 000,00 €) sowie die Kosten für die Reparatur ihres Daches aufgrund des Sturmschadens (1 500,00 €) an.

Diese Angaben sendet sie an ihr zuständiges Finanzamt in Bergen auf Rügen. Sie beantragt, dass ihr steuerpflichtiges Jahreseinkommen von 40 000,00 € auf 25 250,00 € gesenkt werden kann. Das Finanzamt würde eine neue Berechnung durchführen und sie würde dann eine entsprechende Rückzahlung erhalten.

PRÜFUNGSTRAINING

Situation für die Aufgaben 1 – 2

Marc Neuberger, 41 Jahre, arbeitet als Lagerleiter in einem Potsdamer Großhandelsbetrieb. Er ist verheiratet, hat zwei Kinder, ist evangelisch und verdient 3 500,00 € brutto. Seine Ehefrau Beate ist momentan nicht berufstätig.

Aufgabe 1

Erstellen Sie eine Lohnabrechnung mithilfe der Angaben für ihn. Nehmen Sie an, die Krankenkasse erhebt einen Zusatzbeitrag in Höhe von 1,1 % und die Lohnsteuertabelle würde eine Einkommensteuerpflicht von 525,00 € ausweisen.

Aufgabe 2

In welcher Lohnsteuerklasse würde Herr Neuberger eingruppiert werden?

Aufgabe 3

Hanno Brockstedt bereitet seine Einkommensteuererklärung im Wohnzimmer vor. Aufgrund eines Luftzugs sind ihm alle gesammelten und sortierten Belege durcheinander geraten. Ordnen Sie zu, ob es sich bei den unten angeführten Ausgaben um

① Werbungskosten

② Sonderausgaben

③ außergewöhnliche Belastungen

handelt.

Ausgaben

a) Fahrtkosten zur Arbeitsstätte: 4 200,00 €, _____ ☐

b) Trockenlegung des Kellers aufgrund einer Überschwemmung
   bei Starkregen: 790,00 €,_____ ☐

c) Lebensversicherungen: 780,00 €, _____ ☐

d) Anschaffung „Logistiklexikon – 2 Bände": 75,00 €, _____ ☐

e) Spende für die freiwillige Feuerwehr: 100,00 €,_____ ☐

f) Beiträge zur gesetzlichen Sozialversicherung: insgesamt 12 600,00 €,_____ ☐

g) Arbeitskleidung: 620,00 €._____ ☐

5 Aufbau und Organisation des Ausbildungsbetriebes

5.1 Aufbau, Zielsetzung und betriebliche Kenngrößen

KOMPAKTWISSEN

5.1.1 Aufbau- und Ablauforganisation

Was ist eine Aufbau- und was ist eine Ablauforganisation?

Jedes Unternehmen bedarf einer Organisation – einerseits einer Aufbauorganisation und andererseits einer Ablauforganisation. Die **Aufbauorganisation** bildet den Rahmen für die Aufgaben und Kompetenzen der Mitarbeiter. Die Mitarbeiter werden weitergehend in das Netz von Abteilungen und Stellen eingeordnet. Dadurch ergibt sich ein hierarchisches Gerüst, das in einem **Organigramm** dargestellt wird. Dieses zeigt die Abteilungen mit ihren einzelnen Stellen und die Rangordnung der **Instanzen** (= Stelle mit Entscheidungs- und Anordnungsbefugnis).

Je nach Verteilung der Aufgaben und Kompetenzen unterscheidet man

- das **Einliniensystem** (straffe Organisation von der obersten zur untersten Stelle mit ganz eindeutig zugeordneten Kompetenzbereichen),
- das **Stabliniensystem** (Einliniensystem mit Stabsstellen, wobei diese keine Weisungsbefugnis besitzen, sondern unterstützend und fachlich beratend tätig sind),
- das **Mehrliniensystem** (eine untergeordnete Instanz hat mehrere übergeordnete Instanzen, das bedeutet, dass ein Mitarbeiter mehreren Führungskräften gleichzeitig unterstellt ist),
- die **Spartenorganisation** (Untergliederung nicht nach Funktionen, sondern nach Objekten, z. B. Produkte oder Produktgruppen, sogenannte Sparten oder auch Divisionen),
- die **Matrixorganisation** (Kombination von zwei Leitungssystemen, wobei jede Stelle den verrichtungsbezogenen Abteilungen wie Beschaffung, Produktion etc. und den objektbezogenen Bereichen des Projektmanagements unterstellt ist; jede Stelle hat zwei zuständige Leitungsinstanzen; die Matrixorganisation ist eine Form der Mehrlinienorganisation),
- das **Teamsystem** (Teambildung durchgängig auf allen Hierarchieebenen, wobei Entscheidungen immer in Gruppen getroffen werden).

In der **Ablauforganisation** wird der Ablauf der Arbeits- und Informationsprozesse dargestellt.

5.1.2 Betriebliche Ziele

Welche wichtigen Ziele hat ein Unternehmen?

Alle Unternehmen brauchen entsprechend ihrem Unternehmenszweck ein Unternehmensziel, woraus sich weitere untergeordnete betriebliche Ziele ergeben. Das Hauptziel ist die **Gewinnmaximierung**. Dieses Streben fördert die wirtschaftlichen Tätigkeiten und dient auch der Erfüllung weiterer wichtiger betrieblicher Ziele wie **Unternehmenserhalt, Kostenminimierung, Umsatzmaximierung, Liquiditätssicherung, Arbeitsplatzsicherung, Umwelterhaltung** u. a. Welche Ziele vorrangig verfolgt werden, hängt von der Art des Betriebes ab.

Gewinnerzielung:

Für **privatwirtschaftliche Betriebe** steht die Gewinnerzielung und im Weiteren die **Gewinn-maximierung** im Vordergrund. Nur so sind sie in der Lage, ihre Leistungsfähigkeit, insbesondere gegenüber ihrer Konkurrenz, zu festigen und zu steigern. Der Gewinn dient nicht nur dem Unternehmer als Entlohnung für die Zurverfügungstellung seines Kapitals, sondern muss auch für Investitionen im Unternehmen verbleiben.

Bei den **Genossenschaften** geht es dagegen nicht um eine Gewinnmaximierung, sondern um die Erzielung eines **angemessenen Gewinns**. Die Genossenschaften können nicht rein erwerbswirtschaftlich ausgerichtet sein, da die kapitalgebenden Mitglieder auch gleichzeitig die Abnehmer sind. Deshalb muss ein Mittelweg zwischen der Einräumung von günstigen Preisen für die Abnehmer und der guten Verzinsung des eingesetzten Kapitals beschritten werden.

Kostendeckung:

Die **öffentlichen Betriebe und Verwaltungen bzw. gemeinwirtschaftlichen Betriebe** wie Stadtwerke, der öffentliche Personennahverkehr, Krankenhäuser, Sparkassen usw. können und sollten Gewinn erzielen, jedoch lässt sich dieses Ziel aufgrund ihrer besonderen sozialen Verpflichtung nicht immer verwirklichen. Hierbei ist aber das Ziel einer **Kostendeckung** mindestens zu erreichen.

Marktversorgung:

Alle Unternehmen müssen einer gesellschaftlichen Verantwortung gerecht werden, nämlich dem Sachziel, Leistungen zu erstellen, um die Bedarfe auf den Märkten mit ihren Produkten bzw. Dienstleistungen zu decken. Für die gemeinwirtschaftlichen Betriebe, wie z. B. öffentlicher Personennahverkehr und Krankenhäuser, stehen jedoch besonders die Sicherstellung der **Versorgung der Bevölkerung** mit sozialen Dienstleistungen an oberster Stelle.

5.1.3 Betriebliche Kennzahlen

Was bedeuten die Kennzahlen Produktivität, Wirtschaftlichkeit und Rentabilität?

In der Betriebswirtschaft gibt es eine Vielzahl von betrieblichen Kennzahlen, die u. a. zur Beurteilung eines Unternehmens, der Entscheidungsfindung, der Dokumentation wichtiger Sachverhalte im Unternehmen und der Kontrolle der Ziele dienen. Die nachfolgenden Kennzahlen gehören mit zu den wichtigsten Leistungsmessern.

Produktivität:

Die Produktivität drückt die **mengenmäßige** Ergiebigkeit der Leistungserstellung aus. Hier sind insbesondere zwei an der Leistungserstellung beteiligte Produktionsfaktoren zu berücksichtigen: die Arbeit mit der Arbeitsproduktivität und das Kapital mit der Kapitalproduktivität.

➤ Die **Arbeitsproduktivität** zeigt das Verhältnis zwischen den produzierten Gütern in Mengeneinheiten und den dafür eingesetzten Mitteln wie die Anzahl von Arbeitskräften, Arbeitsstunden usw.

$$\text{Arbeitsproduktivität} = \frac{\text{Produktionsmenge}}{\text{z. B. Arbeitsstunden}}$$

➤ Die **Kapitalproduktivität** zeigt das Verhältnis zwischen der Produktionsmenge und dem dafür eingesetzten Kapital.

$$\text{Kapitalproduktivität} = \frac{\text{Produktionsmenge}}{\text{Kapitaleinsatz}}$$

Häufig beschreibt man das Verhältnis, das etwas über die Produktivität aussagt, als das Verhältnis von Output zu Input.

Wirtschaftlichkeit:

Die Wirtschaftlichkeit drückt die **wertmäßige** Ergiebigkeit der Leistungserstellung aus: Verhältnis von Erlös zu Aufwand bzw. Leistungen zu Kosten. Die Wirtschaftlichkeit ist gegeben, wenn die Kennzahl größer 1 ist. Ist die Kennzahl genau 1, dann arbeitet das Unternehmen nur kostendeckend. Bei einer Kennzahl kleiner 1 wurde ein Verlust erwirtschaftet.

$$\text{Wirtschaftlichkeit} = \frac{\text{Erfolg}}{\text{Aufwand}} \quad \text{oder} \quad \text{Wirtschaftlichkeit} = \frac{\text{Leistungen}}{\text{Kosten}}$$

Rentabilität:

Als Rentabilität bezeichnet man das Verhältnis von Gewinn zum eingesetzten Kapital. Die Rentabilität ist eine wichtige Kennzahl für den Unternehmenserfolg, die aussagt, ob der Kapitaleinsatz sich **„lohnt"**. Es gibt entsprechend der Bezugsgrößen diverse Arten der Rentabilität. Folgende Kennzahlen gehören zu den wichtigsten:

➤ Die **Eigenkapitalrentabilität** setzt den Gewinn zum Eigenkapital ins Verhältnis.

$$\text{Eigenkapitalrentabilität} = \text{Gewinn} \cdot \frac{100}{\text{Eigenkapital}}$$

➤ Die **Gesamtkapitalrentabilität** setzt den Gewinn und die Fremdkapitalzinsen zum Gesamtkapital ins Verhältnis.

$$\text{Gesamtkapitalrentabilität} = (\text{Gewinn} + \text{Fremdkapitalzinsen}) \cdot \frac{100}{\text{Gesamtkapital}}$$

➤ Die **Umsatzrentabilität** setzt den Gewinn zum Umsatz ins Verhältnis.

$$\text{Umsatzrentabilität} = \text{Gewinn} \cdot \frac{100}{\text{Umsatz}}$$

PRÜFUNGSTRAINING

Aufgabe 1

Ordnen Sie die nachfolgenden Organisationsformen den unten stehenden Aussagen zu!

① Einliniensystem

② Stabliniensystem

③ Mehrliniensystem

④ Spartenorganisation

⑤ Matrixorganisation

⑥ Teamsystem

Tragen Sie die Ziffer vor der jeweils zutreffenden Aussage in das Kästchen ein!

Aussagen

Diese Organisationsform

a) ist geprägt durch eine übersichtliche Organisation und klare Dienstwege. _____ ☐

b) hat auf allen Hierarchieebenen dauerhaft eingerichtete Entscheidungsgruppen. _____ ☐

c) verbessert die Leistungsfähigkeit durch fachliche Beratung. _____ ☐

d) ermöglicht eine Verfolgung von Produkt- und Projektzielen
bei gleichzeitiger Berücksichtigung der Produktivitätsziele. _____ ☐

e) erreicht, dass innerhalb eines Geschäftsbereiches auf
Veränderungen schneller reagiert werden kann. _____ ☐

f) hat die Besonderheit, dass alle Mitarbeiter mehreren Führungskräften
gleichzeitig unterstellt sind. _____ ☐

Aufgabe 2

In welchem der folgenden Fälle handelt es sich um ein Problem der Aufbauorganisation eines Unternehmens?

① Durch Fehlbuchungen entstehen Störungen bei der Rechnungserstellung.

② Unklare Kompetenzabgrenzungen führen immer wieder zu Unstimmigkeiten zwischen einzelnen Abteilungen.

③ Bei der Auftragsannahme entstehen immer wieder Leerzeiten.

④ Aufgrund unklarer Anweisungen bei der Auftragsabwicklung kommt es immer häufiger zu Fehldispositionen.

⑤ Falsche Arbeitsanweisungen führen zu Fehlern bei der Auftragsbearbeitung und -durchführung.

Tragen Sie die Ziffer vor der zutreffenden Antwort in das Kästchen ein! _____ ☐

Aufgabe 3

Die in unserer Marktwirtschaft beteiligten erwerbswirtschaftlichen, gemeinwirtschaftlichen und genossenschaftlichen Unternehmen verfolgen ihre eigenen charakteristischen Ziele.

Entscheiden Sie bei den unten stehenden Sachverhalten, ob sie dem Zielsystem

① der erwerbswirtschaftlichen Unternehmen,

② der gemeinwirtschaftlichen Unternehmen,

③ der genossenschaftlichen Unternehmen oder

④ keinem der vorgenannten Unternehmen

zugeordnet werden können!

Tragen Sie die Ziffer vor der jeweils zutreffenden Antwort in das Kästchen ein!

Sachverhalte

a) Das vorrangige Ziel besteht in der lang- und mittelfristigen Gewinnmaximierung. _____ ☐

b) Die Bedarfsdeckung der Bevölkerung an Gütern und Dienstleistungen ist das vorrangige Ziel. _____ ☐

c) Eine Gewinnerzielung ist sinnvoll, doch wird normalerweise eine Kostendeckung angestrebt. _____ ☐

d) Das Wirtschaftshandeln ist hauptsächlich auf eine Nutzenmaximierung ausgerichtet. _ ☐

e) Das vorrangige Ziel ist die Selbsthilfe der Mitglieder durch gegenseitige Hilfe und Förderung. _____ ☐

f) Die Erreichung des angestrebten Ziels führt zu einem Streben nach Umsatzmaximierung und/oder Kostenminimierung. _____ ☐

Aufgabe 4

In Ihrem Unternehmen soll die Arbeitsproduktivität gesteigert werden.

Wie kann dieses Ziel erreicht werden?

① Aufgrund von intensiven Verhandlungen mit Ihren Lieferanten erhalten Sie günstigere Einkaufskonditionen.

② Das Unternehmen wechselt zu einem günstigeren Energieanbieter.

③ Bestimmte Arbeiten werden durch den Einsatz von neuen Maschinen in kürzerer Zeit erledigt.

④ Es werden zusätzliche Mitarbeiter eingestellt, damit weniger Überstunden notwendig sind.

⑤ Trotz gleichbleibender Leistung werden Prämien gezahlt.

Tragen Sie die Ziffer vor der zutreffenden Antwort in das Kästchen ein! _____ ☐

5.2 Grundfunktionen des Ausbildungsbetriebes

— KOMPAKTWISSEN —

5.2.1 Allgemeines

Wodurch unterscheiden sich Produktions- und Dienstleistungsbetriebe?

Für die Leistungserstellung in einem Unternehmen ist es notwendig, eine Vielzahl an Aufgaben bzw. Funktionen zu erfüllen. Es hängt u. a. von der Art des Betriebes ab, ob es sich um einen **Produktions- oder Dienstleistungsbetrieb** handelt. Dienstleistungen (wie das Haareschneiden der Friseure) sind nicht lagerbar, transportierbar und müssen auch an dem Ort und zu dem Zeitpunkt erbracht werden, wenn sie nachgefragt werden. Deshalb ergeben sich offensichtlich auch Unterschiede in den Funktionen. So fällt die Lagerhaltung für die zu erbringende Leistung vollständig weg und auch die anderen Funktionen gestalten sich teilweise anders.

Nachfolgend werden nur die Grund- bzw. Hauptfunktionen aus der Sicht eines Produktionsbetriebes angesprochen.

5.2.2 Beschaffung

Welche Bedeutung hat die Beschaffung als Grundfunktion eines Betriebes?

Für die Leistungserstellung sind sogenannte **betriebswirtschaftliche Produktionsfaktoren** (s. Kap. 6.3 Produktionsfaktoren) notwendig, die auf den entsprechenden Beschaffungsmärkten eingekauft werden müssen.

Einerseits sind dies **Elementarfaktoren** wie

➤ **Arbeitskräfte** für objektbezogene bzw. ausführende Arbeiten,

➤ **materielle Betriebsmittel** wie Grundstücke, Gebäude, Anlagen, Fahrzeuge, Maschinen usw.,

➤ **immaterielle Betriebsmittel** wie Lizenzen, Patente, Rechte (Miete, Pacht) usw. und

➤ **Werkstoffe** wie Roh-, Hilfs-, Betriebsstoffe und Halb- und Fertigerzeugnisse.

Andererseits sind dies die **dispositiven Faktoren** wie Leitung, Planung, Organisation und Kontrolle.

Das **Ziel der Beschaffung** muss die physische Versorgung eines Unternehmens mit Ressourcen, d. h. mit Gütern, Dienstleistungen und Informationen sein. Dabei muss die Beschaffung sicherstellen, dass dem entsprechenden Bedarfsträger

➤ die benötigten Güter,

➤ zur richtigen Zeit,

➤ am richtigen Ort,

➤ in der richtigen Menge,

➤ in der richtigen Qualität,

➤ zu einem marktfähigen Preis

zur Verfügung gestellt werden.

5.2.3 Lagerhaltung

> **Welche Bedeutung hat die Lagerhaltung als Grundfunktion eines Betriebes?**

Für den Beschaffungs-, Produktions- und Absatzbereich ist ein Puffer notwendig. Dies bewerkstelligt die Lagerhaltung mit

- dem **Beschaffungslager,** da nicht alle für die Produktion notwendigen Werkstoffe sofort ge- bzw. verbraucht werden,
- dem **Zwischenlager im Produktionsbereich,** wenn der Produktionsablauf nicht gleichmäßig verläuft bzw. Stockungen unterliegt, und
- einem **Absatzlager** zum Ausgleich schwankender Absatzmengen.

5.2.4 Produktion

> **Welche Bedeutung hat die Produktion als Grundfunktion eines Betriebes?**

Durch die **Kombination der betriebswirtschaftlichen Produktionsfaktoren** erfolgt die Leistungserstellung. Dies ist jedoch u.a. abhängig davon, welche Produktarten hergestellt werden, wie die Produktion erfolgen muss (z. B. mittels arbeits- oder anlagenintensiver Fertigungsverfahren) oder wie kostenintensiv die Produktion ist. Hierbei ist einerseits das **ökonomische Prinzip** (ein bestimmtes Ziel mit möglichst geringem Mitteleinsatz erreichen = **Minimalprinzip,** mit gegebenem Mitteleinsatz einen größtmöglichen Nutzen erzielen = **Maximalprinzip**) zu berücksichtigen und andererseits sollten die Produktionsfaktoren so kombiniert werden, dass sie die geringsten Kosten verursachen **(Minimalkostenkombination).**

5.2.5 Absatz

> **Welche Bedeutung hat der Absatz als Grundfunktion eines Betriebes?**

Die hergestellten Produkte werden an die unterschiedlichsten Abnehmer, wie z. B. Industrieunternehmen, Großhandel und Einzelhandel, Handwerksbetriebe bis hin zum Endverbraucher, verkauft.

Damit die **Vermarktung** (Marketing) der Produkte erfolgreich abläuft, muss das Unternehmen **Marktforschung** betreiben und sich der nachfolgenden **marketingpolitischen Instrumente** bedienen:

- **Produkt- und Sortimentspolitik** (befasst sich mit Produktvariationen oder Erneuerungen, Sortimentsgestaltung, Sortimentsbreite und Sortimentstiefe, Produktgestaltung, Verpackung, Kundendienst usw.)
- **Preis-/Kontrahierungspolitik bzw. Konditionenpolitik** (hierunter fallen alle vertraglichen Bedingungen für die Angebotserstellung wie Preis, Rabatt, Zahlungs- und Lieferungsbedingung usw.)
- **Distributionspolitik** (hierbei geht es um die Absatzwege: direkte, indirekte oder über das Internet [E-Commerce] usw.)
- **Kommunikationspolitik** (dabei handelt es sich um Werbung, Direktwerbung, Internetwerbung, Sales Promotion = Verkaufsförderung, persönlicher Verkauf, Public Relations = Öffentlichkeitsarbeit, Corporate Identity = Unternehmensidentität, Sponsoring)

5 Hummel u.a.-ISBN 978-3-8120-0598-2

Entscheidend für den Unternehmenserfolg ist eine zielorientierte Planung, Organisation und Durchführung eines **Marketingkonzeptes** wobei sich die Maßnahmen nicht gegenseitig behindern, widersprechen oder aufheben. Deswegen braucht man einen Marketing-Mix, in dem alle Marketingmaßnahmen miteinander harmonieren.

5.2.6 Verwaltung

Welche Bedeutung hat die Verwaltung als Grundfunktion eines Betriebes?

Die Verwaltung bzw. **Administration** ist eine Organisation in einem Unternehmen, die übergreifende Aufgaben wahrnimmt. Z. B. die Erfassung von Geschäftsvorgängen in der Buchhaltung, die Lenkung der Informations- und Materialflüsse, der Kontrolle in allen Bereichen des Unternehmens.

5.2.7 Finanzierung

Welche Bedeutung hat die Finanzierung als Grundfunktion eines Betriebes?

Die Finanzierung befasst sich mit der Beschaffung von **Eigen- und Fremdkapital.** Eine dem betrieblichen System innewohnende (systemimmanente) Finanzierung stellen die durch den Verkauf der Produkte erhaltenen Erlöse dar. Da der Verkauf der Produkte später als die Produktion und der damit verbundenen Beschaffung der notwendigen Produktionsfaktoren erfolgt, müssen andere Finanzierungsmöglichkeiten genutzt werden.

Dies kann z. B. von außen durch Kredite, Beteiligungen von Gesellschaftern, Eigenkapital des Unternehmers **(Außenfinanzierung)** oder von innen durch die Selbstfinanzierung bzw. Bildung von Gewinnrücklagen, Auflösung von Rückstellungen **(Innenfinanzierung)** geschehen.

PRÜFUNGSTRAINING

Aufgabe 1

Ordnen Sie folgende Begriffe der Grundfunktionen des Betriebes dem nachfolgenden Bild zu!

① Absatz

② Beschaffung

③ Finanzierung

④ Lagerung

⑤ Produktion

⑥ Verwaltung

Tragen Sie die Ziffern vor dem jeweils zutreffenden Begriff in die unten stehenden Kästchen ein!

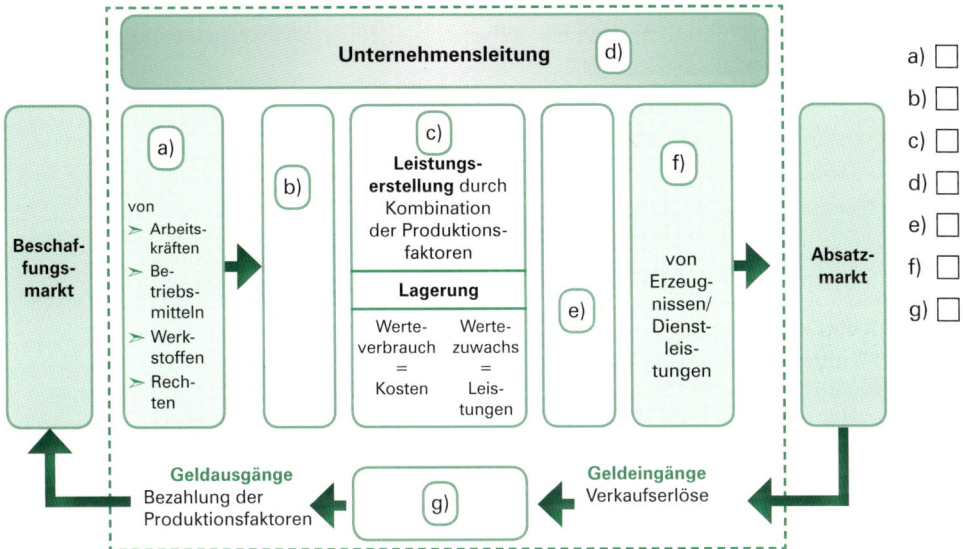

a) ☐
b) ☐
c) ☐
d) ☐
e) ☐
f) ☐
g) ☐

Aufgabe 2

Ordnen Sie die nachfolgenden Abteilungen den unten stehenden Tätigkeiten zu!

Abteilungen

① Einkauf

② Verkauf

③ Lager

④ Buchhaltung

⑤ Personal

Tragen Sie die Ziffer vor der jeweils zutreffenden Abteilung in das Kästchen ein!

Tätigkeiten

a) Einen Angebotsvergleich durchführen. _____ ☐

b) Eine Stellenanzeige schalten. _____ ☐

c) Einen Kommissionierauftrag ausführen. _____ ☐

d) Anhand eines Warenentnahmescheins Waren ausgeben. _____ ☐

e) Ein Angebot erstellen. _____ ☐

f) Eingehende Kundenzahlungen in das EDV-System eingeben. _____ ☐

Aufgabe 3

Die Marktteilnehmer können sich im Wirtschaftsgeschehen nach dem ökonomischen Prinzip verhalten.

Stellen Sie in diesem Zusammenhang bei den unten stehenden Sachverhalten fest, ob

① ein privater Haushalt nach dem Minimalprinzip,

② ein Unternehmen nach dem Minimalprinzip,

③ ein privater Haushalt nach dem Maximalprinzip,

④ ein Unternehmen nach dem Maximalprinzip oder

⑤ kein Marktteilnehmer nach dem ökonomischen Prinzip

handelt.

Tragen Sie die Ziffer vor der jeweils zutreffenden Antwort in das Kästchen ein!

Sachverhalte

a) Ein Mitarbeiter der Transportabteilung der Schmitz GmbH möchte für seine Jubiläumsfeier möglichst viele Getränke einkaufen und dafür möglichst wenig bezahlen. ☐

b) In der Einkaufsabteilung der Schmitz GmbH sollen die anfallenden Tätigkeiten von möglichst wenig Mitarbeitern erledigt werden. ☐

c) Ein Auszubildender der Schmitz GmbH möchte in der Abschlussprüfung ein möglichst gutes Ergebnis erreichen. Dazu plant er im letzten Ausbildungsjahr täglich eine Stunde Lernaufwand ein. ☐

d) Die Handlungsreisenden der Schmitz GmbH bekommen für das nächste Geschäftsjahr ein vorgegebenes Budget für Treibstoff. Damit soll eine möglichst große Kundenzahl besucht werden. ☐

e) Die Ehegattin des Geschäftsführers der Schmitz GmbH hat sich im Rahmen eines Neuwagenkaufs für ein bestimmtes Modell entschieden. Dieses Modell versucht sie nun, zu einem möglichst geringen Preis zu kaufen. ☐

f) Eine Auszubildende der Schmitz GmbH kann für ihren nächsten Sommerurlaub einen bestimmten Geldbetrag ansparen. Damit möchte sie ein möglichst luxuriöses Hotel buchen. ☐

g) Die Schmitz GmbH strebt im Segment Gartenmöbel eine Umsatzsteigerung um 15% an. Gleichzeitig sollen die Betriebskosten in diesem Segment so gering wie möglich sein. ☐

h) Die Schmitz GmbH will im Segment Küchenmöbel im nächsten Geschäftsjahr ihren Marktanteil so weit wie möglich vergrößern. Dieses Ziel kann das Unternehmen nur erreichen, wenn es das Personal aufstockt und zusätzliche Kosten einkalkuliert. ☐

5.3 Kredite: Kontokorrentkredit, Ratenkredit, Hypothekendarlehn

KOMPAKTWISSEN

Was versteht man unter einer Kreditaufnahme?

Mit einem Kredit wird die zeitlich befristete, entgeltliche Überlassung von Geld bezeichnet (vgl. § 607 BGB – Darlehn). Die verschiedenen Kreditarten können nach dem Kreditnehmer (Privatkredit oder Firmenkredit), aber auch nach der Besicherung und Rückzahlung (Dispositionskredit = Kontokorrentkredit, Ratenkredit, Realkredit) unterschieden werden.

Wozu dient die Aufnahme eines Kredites?

Sollte das Eigenkapital nicht ausreichen oder das Bankguthaben zu gering sein, kann ein Unternehmen andere Finanzmittel erschließen. Mithilfe eines Kredits von der Bank oder Sparkasse kann ein Unternehmen seine finanziellen Möglichkeiten erweitern. Es kann Investitionen durchführen, Zahlungen leisten oder eine Umschuldung vornehmen (Austausch alter gegen neue Kredite).

Das Gleiche gilt für private Personen. Auch hier können durch Kreditaufnahme Anschaffungen getätigt werden, Rechnungen bezahlt werden, alte durch neue Kredite abgelöst werden.

Wie unterscheiden sich die verschiedenen Kreditarten?

Merkmal	Kontokorrentkredit	Ratenkredit	Hypothekendarlehn
Wesen	Die Bank lässt eine Überziehung des Kontos zu, z. B. bis zu drei Monatsgehälter oder bis zu einer benannten Summe. Dafür zahlt der Kunde Sollzinsen.	Der Kreditnehmer erhält eine Summe, deren Rückzahlung in einem Kreditvertrag vereinbart wird. Die Höhe der Zinsen ist dem Finanzierungsplan zu entnehmen.	Bei Grundstückskäufen kann die Finanzierung über eine Absicherung des Kredits mittels einer Hypothek erfolgen.
Rückzahlung	Keine Rückzahlungsvereinbarung, laufende Zahlungseingänge gleichen den Kredit aus.	In festen, anfangs vereinbarten monatlichen Raten.	In festgelegten vereinbarten Raten, die monatlich oder vierteljährlich fällig werden.
Besicherung	Keine gesonderte Besicherung.	Bürgschaft, Verpfändung von Guthaben oder Wertpapieren, Sicherungsübereignung.	Eine Hypothek wird in das Grundbuch eingetragen.
Laufzeit	Keine fest vereinbarte Laufzeit, „bis auf Weiteres".	Fest vereinbart, meist 12–60 Monate.	Lange Laufzeiten bis zu ca. 30–35 Jahren sind möglich.

PRÜFUNGSTRAINING

Aufgabe 1

Welcher Kredit sollte jeweils aufgenommen werden? Notieren Sie die jeweilige Ziffer des zutreffenden Kredits!

① Kontokorrentkredit

② Ratenkredit

③ Hypothekendarlehn

a) Die Reinigungsgroßhandel Bauer OHG muss zum 25. des Monats Rechnungen in Höhe von ca. 110 000,00 € begleichen. Vier Tage später werden Zahlungseingänge von insgesamt ca. 185 000,00 € erwartet. _____ ☐

b) Familie Welfringhaus möchte in Dortmund ein Einfamilienhaus kaufen (Kaufpreis ca. 250 000,00 €). _____ ☐

c) Die Semper-Lager OHG in Leipzig möchte das Nebengrundstück von der Stadt Leipzig erwerben (ca. 1 500 000,00 €). _____ ☐

d) Die Fachkraft für Lagerlogistik Anna Schlüter hat nach Abschluss ihrer Ausbildung eine Festanstellung in der Tourenplanung eines Logistikbetriebs gefunden. Anna Schlüter benötigt ein Auto. Der Kaufpreis beträgt ca. 9 500,00 €. _____ ☐

e) Aufgrund einer Pechsträhne bei Sportwetten kann der Mitarbeiter im Warenausgang, Mirko Bertram, seine Miete nicht aus dem Kontoguthaben begleichen. Sein Gehalt kommt jedoch zwei Tage später. _____ ☐

f) Bei ihrer Arbeit im Wareneingang der Motor-Wannikowski-GmbH in Braunschweig hat Doro Holtmann gesehen, welche Möglichkeiten ein leistungsfähiger Laptop bietet. Sie möchte umgehend einen Laptop für ca. 1 450,00 € kaufen, verfügt jedoch nicht über die Mittel. Sie könnte sich vorstellen, monatlich ca. 130,00 € zurückzuzahlen. _____ ☐

Aufgabe 2

Ordnen Sie zu, welcher Kredit jeweils angesprochen ist. Notieren Sie entweder die

① für Kontokorrentkredit

② für Ratenkredit

③ für Hypothekendarlehn!

a) Simon Konietzka muss die Mobilfunkrechnung bezahlen und überzieht sein Konto mit 32,95 € durch Überweisung an seinen Mobilfunkanbieter. _____ ☐

b) Dieser Kredit ist bei Ihrer Sparkasse mit 36 Monaten Laufzeit zu erhalten. _____ ☐

c) Die Fachkraft für Lagerlogistik Kai Schwegmann darf ihr Bankkonto bis 1 500,00 € überziehen. _____ ☐

d) Für den Kredit anlässlich des Kaufs ihres Hauses zahlt die Familie Ronnebeck vierteljährlich 1 600,00 € an ihre Sparkasse. _____ ☐

e) Die Sparkasse lässt sich die Finanzierung der neuen Lagerhalle eines Lagerhalters mit der Eintragung einer Hypothek im Grundbuch besichern. _____ ☐

f) Bei diesem Kredit gibt es keine ausdrückliche Vereinbarung bezüglich der Rückzahlung. _ ☐

g) Denise Reimann musste zur Besicherung ihres Kredits eine Bürgschaft ihres Vaters bei der Bank hinterlegen. _____ ☐

h) Der Kredit der Familie Ronnebeck hat eine Laufzeit von 15 Jahren. _____ ☐

i) Maria Voss zahlt monatlich 97,00 € an ihre Sparkasse zur Rückzahlung ihres Kredits. __ ☐

5.4 Unternehmensgründung

KOMPAKTWISSEN

5.4.1 Möglichkeiten und Grenzen einer Existenzgründung

Wie kann ein Unternehmen neu gegründet werden?

Manch einer ist mit einer Festanstellung in „seinem" Betrieb zufrieden, andere jedoch wollen ein eigenes Unternehmen gründen, um bestimmte Ziele zu erreichen, z. B. sein eigener Chef sein, eine Produktidee platzieren, damit ein größeres Einkommen erzielen u. a. Durch einen solchen Schritt wird ein Unternehmen gegründet, man spricht in diesem Zusammenhang auch von einer Existenzgründung.

Um ein neues Unternehmen zu gründen, sollte der Unternehmensgründer verschiedene Aspekte berücksichtigen: Unter anderem müssen die individuellen, wirtschaftlichen und formalen Aspekte überprüft werden, die teilweise auch ineinandergreifen:

Individuelle Aspekte

- Gibt es eine gute Produkt- oder Geschäftsidee, wie sind die Marktchancen?
- Wie viel Kapital hat der Unternehmensgründer zur Verfügung?
- Verfügt der Unternehmer über das notwendige Know-how, hat er z. B. seine Ausbildung zur Fachkraft für Lagerlogistik erfolgreich abgeschlossen?
- Auf welche darüber hinausgehenden beruflichen Erfahrung kann er zurückgreifen?
- Muss er Mitarbeiter einstellen oder kann er die anfallenden Aufgaben allein erledigen?
- Kann er mit Mitarbeitern planen und mit ihnen umgehen?
- Wo will er das Unternehmen gründen?
- Hat er die notwendige persönliche Freiheit, ein derartiges Risiko einzugehen, oder strebt er sie mit der Gründung an?
- u. a.

Wirtschaftliche Aspekte

Chancen	Risiken
- Erhöhung des Einkommens - Vergrößerung des Privatvermögens - Durch die Platzierung einer Produktidee kann die eigene Bekanntheit gesteigert werden, ein Imagegewinn ist möglich	- Verschuldung - Verlust des eingebrachten Kapitals - Verlust des Privatvermögens - (Privat-)Insolvenz - Arbeitslosigkeit

Die finanziellen Risiken können teilweise durch private und öffentliche Fördermöglichkeiten reduziert werden, z. B. durch Wahrnehmung von zinsgünstigen Darlehen, Investitionszulagen u. a.

Formale Aspekte

Vor der Unternehmensgründung und nach Aufnahme der Geschäftstätigkeit sind zahlreiche Eintragungen, Registrierungen und Anmeldungen vorzunehmen, z. B. im Handelsregister beim Amtsgericht, bei der Industrie- und Handelskammer oder Handwerkskammer, zu den Sozialversicherungen, bei der Berufsgenossenschaft, bei der örtlichen Gewerbeaufsicht u. a.

5.4.2 Niederlassungsfreiheit in der EU

Was bedeutet die Niederlassungsfreiheit in der EU für Unternehmen und für Arbeitnehmer?

Innerhalb der Grenzen der Europäischen Union ist ein Binnenmarkt entstanden, dessen vier Grundfreiheiten (freier Verkehr von Waren, Personen, Dienstleistungen und Kapital) prägend für die Wirtschaft sind.

Aufgrund der geltenden Freiheit für die Niederlassungen von Personen und Unternehmen kann ein Unternehmen seine Geschäfte in allen Ländern der EU unter Berücksichtigung der jeweils geltenden Vorschriften des Landes betreiben. Die in einem EU-Staat erworbenen Schul-, Berufs- und akademischen Abschlüsse können anerkannt werden und müssen nicht im jeweiligen Land erneut erworben werden.

Diese Grundregel des EU-Binnenmarktes bietet für Arbeitnehmer und Unternehmer aus EU-Mitgliedstaaten erweiterte Möglichkeiten. So kann z. B. eine Fachkraft für Lagerlogistik mit dem Abschluss der Ausbildung in einem Betrieb in der Bundesrepublik Deutschland oder in einem anderen EU-Land arbeiten. Sicherlich sind entsprechende sprachliche und kulturelle Kenntnisse des jeweiligen Gastlandes zu erlernen, um erfolgreich dort arbeiten zu können, rechtlich sind die Voraussetzungen jedoch vereinfacht. Zur Dokumentation von bisher erbrachten Leistungen (Ausbildung, Sprachen, Berufserfahrungen u. a.) hat die EU den **Europass** eingeführt. Dies ist eine Möglichkeit, die eigenen Fähigkeiten, Qualifikationen und Kompetenzen europaweit verständlich darzustellen.

Ebenso können Unternehmen eines EU-Staats in anderen EU-Staaten Märkte erschließen, Filialen gründen, Mitarbeiter beschäftigen u. a.

Beispiel:

Manfred Richter arbeitet nach seiner Ausbildung zur Fachkraft für Lagerlogistik vier Jahre im Lager einer bayerischen Brauerei. Zum Herbst macht er sich selbstständig und gründet auf der spanischen Insel Mallorca ein Großhandelsunternehmen, das für deutsche Brauer Bierfässer lagert und an Gastronomen vertreibt, um die Einheimischen und Touristen mit deutschem Bier zu versorgen.

PRÜFUNGSTRAINING

Aufgabe 1

Enrico Valle arbeitet seit einigen Jahren mit seinem Cousin Mario in einer Mannheimer Spedition. Beide überlegen seit längerer Zeit, ob sie den Schritt in die Selbstständigkeit wagen sollen. Ihnen schwebt vor, eine Lagerhalle in Hafennähe anzumieten und als Umschlagsplatz für Schüttgut auszubauen.

Welche der folgenden Aussagen treffen nicht zu?

① Ihnen muss klar sein, dass sie viel Geld investieren und unter Umständen dieses Geld verlieren können.

② Die von den beiden ausgewählte Lage eines Umschlagsplatzes für Schüttgut ist am Rhein so gut, dass kaum ein Risiko für das neue Unternehmen besteht.

③ Sie müssen für sich prüfen, ob sie die anfallende Mehrarbeit allein leisten können.

④ Sie können erheblich mehr verdienen als bisher, wenn ihre Geschäfte erfolgreich verlaufen.

⑤ Als Existenzgründer kann man staatliche oder private Förderhilfen beantragen.

⑥ Die gute Ausbildung und die Berufserfahrung der beiden ist eine Garantie für den betrieblichen Erfolg eines solchen Lagers.

⑦ Sie müssen ihr Unternehmen bei verschiedenen Institutionen anmelden.

Tragen Sie die Ziffern der beiden nicht zutreffenden Aussagen in die Kästchen ein! _____ ☐ ☐

Aufgabe 2

Stellen Sie fest, für welche der genannten Arbeitsuchenden die Freizügigkeit innerhalb der EU nicht ohne Weiteres gilt, d. h., dass für sie z. B. eine Arbeitserlaubnis beantragt werden müsste.

① Michael Gillian, Großbritannien
② Edi Zütterlin, Schweiz
③ Sören Holm, Dänemark
④ Sylvie van den Brink, Niederlande
⑤ Chong Huang, China
⑥ Mätti Nykövalainen, Finnland
⑦ Haakon Andersson, Norwegen
⑧ Jean-Claude Meravin, Luxemburg

Notieren Sie die drei Ziffern! _____ ☐ ☐ ☐

Aufgabe 3

Helena Kirsantidis' Familie stammt aus einem Dorf auf der Insel Kreta, Helena selbst ist Deutsche.

Sie möchte nach ihrer Ausbildung in einem Bremer Feinkostgroßhandel zur Fachkraft für Lagerlogistik ein Umschlagslager auf Kreta für den Olivenversand nach Deutschland eröffnen. Ist das Vorhaben ihrer Existenzgründung relativ einfach realisierbar? Unten finden Sie 6 Aussagen dazu.

① Nein, Fachkräfte für Lagerlogistik können im Ausland keine Betriebe eröffnen.

② Nein, Griechenland gehört nicht zur EU, daher sind die Regeln des europäischen Binnenmarktes hier nicht anwendbar.

③ Ja, als in Deutschland ausgebildete Fachkraft für Lagerlogistik kann man überall in Europa ohne Weiteres einen Betrieb eröffnen.

④ Ja, als Deutsche kann Helena in Griechenland ein Unternehmen gründen, da Griechenland Mitglied der Europäischen Union ist und die Regeln des EU-Binnenmarktes auch dort gelten.

⑤ Ja, aber es darf kein Handelsbetrieb sein.

⑥ Ja, als ausgebildete Fachkraft für Lagerlogistik werden ihre in der Ausbildung erworbenen Kenntnisse auch in anderen EU-Staaten anerkannt.

Notieren Sie die Ziffern der 2 zutreffenden Aussagen, die die korrekte Begründung beinhalten! _____ ☐ ☐

5.5 Der Betrieb als sozio-ökonomisches System

KOMPAKTWISSEN

5.5.1 Betrieb und Wirtschaft

In welche Wirtschaftsbereiche wird die arbeitsteilige Volkswirtschaft eingeteilt?

Der heutige Mensch ist in der Regel nicht mehr in der Lage, sich selbst zu versorgen. Damit die notwendigen Güter produziert werden können, bedarf es vieler Betriebe, die zusammenarbeiten. Die Betriebe sind heute auf die Herstellung bestimmter Güter und Dienstleistungen spezialisiert; darunter versteht man die sogenannte **volkswirtschaftliche Arbeitsteilung**. Diese arbeitsteilige Volkswirtschaft teilt man in drei **Wirtschaftsbereiche** bzw. Wirtschaftssektoren ein:

➤ **Urproduktion** als **primärer Sektor** mit Fischerei, Forstwirtschaft und Landwirtschaft usw.,

➤ **produzierendes Gewerbe** als **sekundärer Sektor** mit Baugewerbe, Bergbau, Energieversorgung, Handwerk, Investitionsgüterindustrie, Konsumgüterindustrie usw.,

➤ **Dienstleistungen** als **tertiärer Sektor** mit Handel, Hotel- und Gaststättengewerbe, Kreditinstituten, Verkehr und Logistik wie Speditionen und Lagereibetriebe, Versicherungen usw. (private Dienstleistungen) oder öffentlichen Haushalten wie Staat, Länder und Kommunen, z. B. mit Krankenhäusern, Polizei, Feuerwehr usw.

5.5.2 Betrieb und Verbände

Welche Aufgaben haben Verbände?

Verbände können aus Einzelpersonen oder aus Körperschaften zu Gruppen zusammengeschlossen sein, die bestimmte **gemeinsame Zwecke** verfolgen. Sie haben auch wie Betriebe eine feste Organisationsstruktur und arbeiten auf der Basis eines dem Zweck entsprechend selbst gegebenen Regelwerks, der Satzung. In der Regel vertreten sie die **Interessen ihrer Mitglieder** und treten in allen gesellschaftlichen und politischen Bereichen als Lobbyisten (derjenige, der Parlamentsmitglieder für seine Interessen zu gewinnen sucht) auf.

Beispiele dafür sind folgende Verbände:

➤ **Handwerkskammern** (HK) vertreten die Interessen des Gesamthandwerks. Wie jede Berufskammer ist die Mitgliedschaft u.a. für die Handwerksbetriebe verpflichtend.

➤ Alle Unternehmen der deutschen Wirtschaft, mit Ausnahme reiner Handwerks- und landwirtschaftlicher Betriebe sowie Freiberufler, sind in den **Industrie- und Handelskammern** (IHK) mit deren Dachverband **Deutscher Industrie- und Handelskammertag** (DIHK) organisiert. U. a. überwachen und fördern sie die kaufmännische und gewerbliche Berufsausbildung und führen die Abschlussprüfungen durch.

➤ Weiterhin gibt es **Branchenvertreter** wie der Gesamtverband der Deutschen Versicherungswirtschaft (GDV), der Deutsche Speditions- und Logistikverband (DSLV) als Wirtschafts- und Arbeitgeberverband der Speditions- und Logistikbranche oder

➤ **Gewerkschaften** wie die Vereinte Dienstleistungsgewerkschaft (ver.di) oder der Deutsche Gewerkschaftsbund (DGB) als Dachorganisation der Gewerkschaften,

➤ **Arbeitgeberverbände** wie Bundesvereinigung der Deutschen Arbeitgeberverbände (BDA), Bundesverband der deutschen Industrie (BDI) und

➤ andere wie Fachverbände, Berufsverbände, Schutzverbände, Wohlfahrtsverbände, Umweltschutzorganisationen, politische Parteien usw.

5.5.3 Betrieb und Gewerkschaften

Welche Aufgaben haben Gewerkschaften?

Gewerkschaften vertreten die **Interessen der Arbeitnehmerinnen und Arbeitnehmer.** Sie sind **Verhandlungspartner von Arbeitgeberverbänden** und schließen u. a. überbetriebliche Tarifverträge ab, teilweise mithilfe von Streiks (s. Kap. 2.3 Tarifverträge). Sie setzen sich weiterhin für bessere Arbeitsbedingungen, für Verkürzung der Arbeitszeit, für Mitwirkung und Mitbestimmung ein und versuchen dies auch auf politischer Ebene durchzusetzen.

Andererseits arbeiten die Gewerkschaften mit den **Betriebsräten** in den Betrieben sehr eng zusammen und können so u. a. aufgrund des Betriebsverfassungsgesetzes im Betrieb mitwirken und mitbestimmen.

5.5.4 Betrieb und Parteien

Welche Aufgaben haben Parteien?

Politische Parteien sind **organisierte Zusammenschlüsse von Personen,** die nach politischer Macht streben, um bestimmte eigene Ziele zu verwirklichen. Sie wirken ferner bei der politischen Willensbildung des Volkes mit. Sie bilden entweder die Regierung und können dann besser ihre Vorstellungen realisieren oder sie befinden sich in der Opposition, der damit u. a. eine Kontrollfunktion gegenüber der Regierung zukommt. Sie erfüllen eine Vielzahl von Aufgaben, u. a. stellen sie die Verbindung zwischen Staat und Bürger dar, die wechselseitig aufeinander reagieren. So können dann auch Betriebe beispielsweise über Verbände und Lobbyisten ihre politischen Vorstellungen und Wünsche, z. B. als Gesetzesvorlagen, in das Parlament einbringen.

5.5.5 Betrieb und Gesellschaft

Welche Aufgabe hat der Betrieb der Gesellschaft gegenüber?

Die **Gesellschaft bildet sich aus allen Bürgern** (natürliche Personen) **und Betrieben** (zum Teil juristische Personen), die nicht dem Staat zuzurechnen sind bzw. von ihm errichtet wurden. Damit sind die Betriebe ein Teil der Gesellschaft, in der sie für die Gesamtheit der Gesellschaft Güter und Dienstleistungen produzieren. Daraus ergibt sich dann auch
- eine **Verantwortung der Betriebe gegenüber der Gesellschaft,** was sie, wo, wie, wann und zu welchem Preis an Gütern und Dienstleistungen produzieren, und
- eine **arbeitsrechtliche Verantwortung gegenüber den Arbeitnehmern.**

5.5.6 Betrieb und Staat

Welche Aufgabe hat der Staat?

Der Staat ist im Sinne der Volkswirtschaft ein **Wirtschaftssubjekt,** das mittels seiner Gesetzgebung auf Wirtschaft und Betriebe einwirkt. So greift er in den Waren- und Dienstleistungsverkehr ein, erhebt Steuern, zahlt Subventionen, reguliert den Wettbewerb usw.

PRÜFUNGSTRAINING

Aufgabe 1

Stellen Sie fest, welchem Wirtschaftszweig die folgenden Betriebe zuzuordnen sind!

① Speditions- und Lagereibetrieb

② Drogeriemarkt

③ Weinbauer

④ Automobilhersteller

⑤ Schreinerei

Tragen Sie die Ziffer vor dem jeweils zutreffenden Betrieb in das Kästchen ein!

Wirtschaftszweig

a) Dem produzierenden Gewerbe _____ ☐

b) Dem Dienstleistungsbereich _____ ☐

c) Der Landwirtschaft _____ ☐

d) Dem Handwerk _____ ☐

e) Dem Handel _____ ☐

Aufgabe 2

Unternehmen werden unterschiedlichen Wirtschaftssektoren zugeordnet.

Welche der nachfolgenden Unternehmen werden

① der Urproduktion (primärer Sektor),

② dem produzierenden Gewerbe (sekundärer Sektor),

③ den Dienstleistungen (tertiärer Sektor)

zugeordnet?

Tragen Sie die Ziffer vor den jeweils zutreffenden Unternehmen in das Kästchen ein!

a) Alte Kölschbrauerei KG _____ ☐

b) Bergische Fischzuchtgenossenschaft _____ ☐

c) Busunternehmen Fahr & Sicher _____ ☐

d) Kölsche Chemie- und Farbenfabrik AG _____ ☐

e) Sand- und Kieswerke Terra OHG _____ ☐

f) Speditionsgesellschaft Deutsch GmbH _____ ☐

g) Steuerberatungsbüro Fuchs _____ ☐

h) Weinanbaugenossenschaft Trester _____ ☐

Aufgabe 3

Alle Arbeitnehmerinnen und Arbeitnehmer haben das Recht, einer Arbeitnehmerorganisation beizutreten (Koalitionsfreiheit). Die Organisationen sind meistens in einem Dachverband zusammengeschlossen.

Geben Sie an, wie dieser Dachverband heißt!

① Bundesagentur für Arbeit (BA)

② Bundesvereinigung der Deutschen Arbeitgeberverbände (BDA)

③ Bundesverband der deutschen Industrie (BDI)

④ Deutscher Gewerkschaftsbund (DGB)

⑤ Deutscher Industrie- und Handelskammertag (DIHK)

⑥ Deutscher Speditions- und Logistikverband (DSLV)

Tragen Sie die Ziffer vor der zutreffenden Antwort in das Kästchen ein! _____ ☐

5.6 Mitbestimmung und Schutzgesetze

KOMPAKTWISSEN

5.6.1 Betriebsverfassungsgesetz (BetrVG)

Welche Bedeutung hat das Betriebsverfassungsgesetz (BetrVG) für einen Betrieb und wie sind die Auswirkungen für die Betroffenen?

Das BetrVG regelt die **Grundlagen der Zusammenarbeit von Arbeitgeber und der von den Arbeitnehmern gewählten Interessenvertretern** im Betrieb. Ein Betriebsrat kann bei mindestens 5 ständigen Arbeitnehmern gewählt werden, wobei jeder 18-jährige Arbeitnehmer mit einer Mindestbetriebszugehörigkeit von 6 Monaten wählen kann. Die Wahlen finden i. d. R. alle 4 Jahre zwischen dem 1. März und dem 31. Mai statt, außer bei der Erstwahl oder bei Rücktritt des Betriebsrates. Die Initiative muss von den Arbeitnehmern bzw. einer Gewerkschaft ausgehen und nicht vom Arbeitgeber. Auf Verwaltungen, Betriebe des Bundes, der Länder und Kommunen usw. findet das BetrVG keine Anwendung.

Der Betriebsrat hat **Mitwirkungs- und Mitbestimmungsrechte,** die im sozialen, personellen oder wirtschaftlichen Bereich unterschiedlich ausgestaltet sind:

➤ Im **sozialen Bereich** wie z. B. Arbeitszeit- und Urlaubsregelung, Sozialeinrichtungen (§ 87 BetrVG), Durchführung betrieblicher Bildungsmaßnahmen (§ 98 BetrVG), Sozialplan als Interessenausgleich bei Betriebsveränderungen (§ 112 BetrVG) hat der Betriebsrat ein **Mitbestimmungsrecht** bzw. kann mitgestalten. D. h., dass der Arbeitgeber ohne Zustimmung des Betriebsrates keine Entscheidung treffen kann.

➤ Im **personellen Bereich** hat er mit dem **Widerspruchsrecht ein Mitwirkungsrecht** z. B. bei personellen Einzelmaßnahmen wie Einstellungen, Eingruppierungen (§ 99 BetrVG). Der Betriebsrat ist vor jeder Kündigung zu hören. Der Arbeitgeber hat ihm die Gründe für die Kündigung mitzuteilen. Eine ohne Anhörung des Betriebsrats ausgesprochene Kündigung ist unwirksam (§ 102 BetrVG).

➤ Im **wirtschaftlichen Bereich** hat der Betriebsrat weitere **Mitwirkungsrechte,** die sich jedoch nur auf das **Recht zur Information oder Beratung,** z. B. bei Arbeitsplatzgestaltung (§ 90 BetrVG), Personalplanung (§ 98 BetrVG), wirtschaftliche Angelegenheiten (§ 106 BetrVG), beziehen. Der Betriebsrat hat keine direkte Einflussnahme auf die Entscheidung des Arbeitgebers.

5.6.2 Mitbestimmungsgesetz (MitbestG)

> **Welche Bedeutung hat das Mitbestimmungsgesetz (MitbestG) für einen Betrieb und wie sind die Auswirkungen für die Betroffenen?**

Das MitbestG regelt die **paritätische Besetzung des Aufsichtsrates** bei Kapitalgesellschaften mit mehr als 2 000 Arbeitnehmern von Anteilseignern und Arbeitnehmern. Paritätisch bedeutet, dass Arbeitgeber- und Arbeitnehmervertreter zu gleichen Teilen vertreten sind.

➤ Bei Unternehmen mit **2 000 bis 10 000 Arbeitnehmern** stehen **6 Vertretern der Anteilseigner 1 leitender Angestellter, 2 Gewerkschaftler und 3 weitere Arbeitnehmer** gegenüber.

➤ Bei Unternehmen mit **10 000 bis 20 000 Arbeitnehmern** stehen **8 Vertretern der Anteilseigner 1 leitender Angestellter, 2 Gewerkschaftler und 5 weitere Arbeitnehmer** gegenüber.

➤ Bei Unternehmen mit **über 20 000 Arbeitnehmern** stehen **10 Vertretern der Anteilseigner 1 leitender Angestellter, 3 Gewerkschaftler und 6 weitere Arbeitnehmer** gegenüber.

Trotz dieser paritätischen Besetzung des Aufsichtsrates wird kein vollständiger Kräfteausgleich erreicht, da erstens bei Stimmengleichheit die Stimme des Aufsichtsratsvorsitzenden entscheidet, zweitens ein leitender Angestellter auf der Arbeitnehmerseite sitzt, obwohl meistens eine größere Nähe zur Arbeitgeberseite zu beobachten ist, und drittens der Aufsichtsratsvorsitzende gegen den Arbeitnehmerwillen durch die Anteilseigner bestimmt werden kann.

Für die Unternehmen des Bergbaus und der eisen- und stahlerzeugenden Industrie gibt es das **Montan-Mitbestimmungsgesetz** (MontanMitbestG), das eine wirkliche Parität zwischen Vertretern der Anteilseigner und Arbeitnehmer schafft, da die Vertreter der leitenden Angestellten fehlen. Zudem ist der Vorsitzende eine neutrale, von beiden Seiten anerkannte Person, z. B. der Oberbürgermeister. Damit wird die Pattsituation vermieden, dass es keine Mehrheit für eine Seite gibt.

5.6.3 Kündigungsschutzgesetz (KSchG)

> **Welche Bedeutung hat das Kündigungsschutzgesetz (KSchG) für einen Betrieb und wie sind die Auswirkungen für die Betroffenen?**

Das Kündigungsschutzgesetz gilt ab mindestens 11 Arbeitnehmern (§ 23 KSchG) und 6-monatiger Betriebszugehörigkeit. Die Kündigung des Arbeitsverhältnisses gegenüber einem Arbeitnehmer ist rechtsunwirksam, wenn sie **sozial ungerechtfertigt** ist (§ 1 Abs. 1 KSchG).

Folgende Kündigungsgründe sind sozial gerechtfertigt:

➤ **personenbedingte Gründe,** wie z. B. mangelnde oder fehlende Kenntnisse und Fertigkeiten, häufige oder lang andauernde Erkrankungen,

➤ **verhaltensbedingte Gründe,** wie z. B. häufige Verspätungen oder unentschuldigtes Fehlen, Beleidigung von Vorgesetzten oder Kollegen, Verletzungen der Gehorsams- und Verschwiegenheitspflicht,

➤ **betriebsbedingte Gründe,** wie z. B. Auftrags- oder Umsatzrückgang, Schließung von Abteilungen oder Betriebsbereichen, Rationalisierungsmaßnahmen.

Ist einem Arbeitnehmer aus dringenden betrieblichen Erfordernissen gekündigt worden, so ist die Kündigung trotzdem **sozial ungerechtfertigt,** wenn der Arbeitgeber bei der Auswahl des Arbeitnehmers

➤ **die Dauer der Betriebszugehörigkeit,**

➤ **das Lebensalter,**

➤ **die Unterhaltspflichten und**

➤ **die Schwerbehinderung des Arbeitnehmers**

nicht oder nicht ausreichend berücksichtigt hat (§ 1 Abs. 3 KSchG).

Die Kündigung eines Betriebsratsmitglieds oder einer Jugend- und Auszubildendenvertretung ist unzulässig, es sei denn, dass Tatsachen vorliegen, die den Arbeitgeber zur Kündigung aus wichtigem Grund ohne Einhaltung einer Kündigungsfrist berechtigen (§ 15 KSchG).

Zum Kündigungsschutz zählt außerhalb des KSchG der nachfolgende **§ 622** im Bürgerlichen Gesetzbuch **(BGB):**

(1) Das Arbeitsverhältnis eines Arbeiters oder eines Angestellten (Arbeitnehmers) kann mit einer Frist von **vier Wochen zum Fünfzehnten oder zum Ende eines Kalendermonats gekündigt** werden.

(2) Für eine **Kündigung durch den Arbeitgeber** beträgt die Kündigungsfrist, wenn das Arbeitsverhältnis in dem Betrieb oder Unternehmen

1. 2 Jahre bestanden hat, 1 Monat zum Ende eines Kalendermonats,
2. 5 Jahre bestanden hat, 2 Monate zum Ende eines Kalendermonats,
3. 8 Jahre bestanden hat, 3 Monate zum Ende eines Kalendermonats,
4. 10 Jahre bestanden hat, 4 Monate zum Ende eines Kalendermonats,
5. 12 Jahre bestanden hat, 5 Monate zum Ende eines Kalendermonats,
6. 15 Jahre bestanden hat, 6 Monate zum Ende eines Kalendermonats,
7. 20 Jahre bestanden hat, 7 Monate zum Ende eines Kalendermonats.

(3) Während einer vereinbarten **Probezeit**, längstens für die Dauer von sechs Monaten, kann das Arbeitsverhältnis mit einer **Frist von zwei Wochen** gekündigt werden.

(4) Von den Absätzen 1 bis 3 abweichende Regelungen können durch Tarifvertrag vereinbart werden. Im Geltungsbereich eines solchen Tarifvertrags gelten die abweichenden tarifvertraglichen Bestimmungen zwischen nicht tarifgebundenen Arbeitgebern und Arbeitnehmern, wenn ihre Anwendung zwischen ihnen vereinbart ist.

(5) Einzelvertraglich kann eine kürzere als die in Absatz 1 genannte Kündigungsfrist nur vereinbart werden,

1. wenn ein Arbeitnehmer zur vorübergehenden Aushilfe eingestellt ist; dies gilt nicht, wenn das Arbeitsverhältnis über die Zeit von drei Monaten hinaus fortgesetzt wird;
2. wenn der Arbeitgeber in der Regel nicht mehr als 20 Arbeitnehmer ausschließlich der zu ihrer Berufsbildung Beschäftigten beschäftigt und die Kündigungsfrist vier Wochen nicht unterschreitet.

Bei der Feststellung der Zahl der beschäftigten Arbeitnehmer sind teilzeitbeschäftigte Arbeitnehmer mit einer regelmäßigen wöchentlichen Arbeitszeit von nicht mehr als 20 Stunden mit 0,5 und nicht mehr als 30 Stunden mit 0,75 zu berücksichtigen. Die einzelvertragliche Vereinbarung längerer als der in den Absätzen 1 bis 3 genannten Kündigungsfristen bleibt hiervon unberührt.

(6) Für die Kündigung des Arbeitsverhältnisses durch den Arbeitnehmer darf keine längere Frist vereinbart werden als für die Kündigung durch den Arbeitgeber.

5.6.4 Arbeitszeitgesetz (ArbZG)

Welche Bedeutung hat das Arbeitszeitgesetz (ArbZG) für einen Betrieb und wie sind die Auswirkungen für die Betroffenen?

Das Gesetz dient dem **Zweck,** die Sicherheit und den Gesundheitsschutz der Arbeitnehmer bei der Arbeitszeitgestaltung zu gewährleisten und die Rahmenbedingungen für flexible Arbeitszeiten zu verbessern sowie den Sonntag und die staatlich anerkannten Feiertage als Tage der Arbeitsruhe und der seelischen Erhebung der Arbeitnehmer zu schützen (§ 1 ArbZG).

Es **gilt für alle Arbeitnehmer außer für bestimmte Personengruppen** wie z. B. Beamte, Soldaten, leitende Angestellte, Besatzungsmitglieder von Flugzeugen, unter 18-jährige Personen, die noch unter das JArbSchG fallen (s. Kapitel 5.6.5 Jugendarbeitsschutzgesetz) usw.

➤ **Arbeitszeit** im Sinne dieses Gesetzes ist die Zeit vom Beginn bis zum Ende der Arbeit ohne die Ruhepausen; Arbeitszeiten bei mehreren Arbeitgebern sind zusammenzurechnen (§ 2 ArbZG). Im Bergbau unter Tage zählen die Ruhepausen zur Arbeitszeit.

➤ Die **werktägliche Arbeitszeit** der Arbeitnehmer darf acht Stunden nicht überschreiten. Sie kann nur auf bis zu zehn Stunden verlängert werden, wenn innerhalb von sechs Kalendermonaten oder innerhalb von 24 Wochen im Durchschnitt acht Stunden werktäglich nicht überschritten werden (§ 1 ArbZG).

➤ **Nachtzeit** ist die Zeit von 23 bis 6 Uhr, in Bäckereien und Konditoreien die Zeit von 22 bis 5 Uhr.

➤ **Nachtarbeit** ist jede Arbeit, die mehr als zwei Stunden der Nachtzeit umfasst (§ 2 ArbZG).

➤ Die Arbeit ist durch im Voraus feststehende **Ruhepausen** von mindestens 30 Minuten bei einer Arbeitszeit von mehr als sechs bis zu neun Stunden und 45 Minuten bei einer Arbeitszeit von mehr als neun Stunden insgesamt zu unterbrechen. Die Ruhepausen können in Zeitabschnitte von jeweils mindestens 15 Minuten aufgeteilt werden. Länger als sechs Stunden hintereinander dürfen Arbeitnehmer nicht ohne Ruhepause beschäftigt werden (§ 4 ArbZG).

➤ Die Arbeitnehmer müssen nach Beendigung der täglichen Arbeitszeit eine ununterbrochene **Ruhezeit** von mindestens elf Stunden haben. Diese kann in besonderen Fällen verkürzt werden (§ 5 ArbZG).

➤ Arbeitnehmer dürfen an **Sonn- und gesetzlichen Feiertagen** von 0 bis 24 Uhr nicht beschäftigt werden. In mehrschichtigen Betrieben mit regelmäßiger Tag- und Nachtschicht kann Beginn oder Ende der Sonn- und Feiertagsruhe um bis zu sechs Stunden vor- oder zurückverlegt werden, wenn für die auf den Beginn der Ruhezeit folgenden 24 Stunden der Betrieb ruht. Für Kraftfahrer und Beifahrer kann der Beginn der 24-stündigen Sonn- und Feiertagsruhe um bis zu zwei Stunden vorverlegt werden (§ 9 ArbZG).

5.6.5 Jugendarbeitsschutzgesetz (JArbSchG)

Welche Bedeutung hat das Jugendarbeitsschutzgesetz (JArbSchG) für einen Betrieb und wie sind die Auswirkungen für die Betroffenen?

Dieses Gesetz soll Kinder und Jugendliche **schützen vor Überbeanspruchung und Überforderung** (z. B. Schwere der Arbeit, zeitliche Beschränkungen; §§ 5 ff. JArbSchG) **und vor Gefahren** (z. B. gesundheitsgefährdende oder sittlich gefährdende Arbeiten; §§ 22 ff. JArbSchG).

Dieses Gesetz **gilt** für die Beschäftigung von Personen, die noch nicht 18 Jahre alt sind, in der Berufsausbildung, als Arbeitnehmer oder Heimarbeiter, mit sonstigen Dienstleistungen, die der Arbeitsleistung von Arbeitnehmern oder Heimarbeitern ähnlich sind, in einem der Berufsausbildung ähnlichen Ausbildungsverhältnis (§ 1 JArbSchG).

Kind ist, wer noch nicht 15 Jahre alt ist. **Jugendlicher** ist, wer 15, aber noch nicht 18 Jahre alt ist. Auf Jugendliche, die der Vollzeitschulpflicht unterliegen, finden die für Kinder geltenden Vorschriften Anwendung (§ 2 JArbSchG).

Die Beschäftigung von Kindern ist verboten. Das **Verbot gilt nicht** für die Beschäftigung von Kindern zum Zwecke der Beschäftigungs- und Arbeitstherapie, im Rahmen des Betriebspraktikums während der Vollzeitschulpflicht, in Erfüllung einer richterlichen Weisung. Das Verbot gilt ferner nicht für die Beschäftigung von Kindern über 13 Jahre mit Einwilligung des Personensorgeberechtigten, soweit die Beschäftigung leicht und für Kinder geeignet ist (z. B. Zeitungen austragen), und nicht für die Beschäftigung von Jugendlichen während der Schulferien für höchstens vier Wochen im Kalenderjahr (§ 5 JArbSchG).

Das Gesetz schreibt für Jugendliche Folgendes vor:

- Die **tägliche Arbeitszeit** darf maximal 8,5 Stunden und die **wöchentliche Arbeitszeit** maximal 40 Stunden betragen (§ 8 JArbSchG).
- Der Jugendliche muss **zum Berufsschulunterricht** vom Arbeitgeber **freigestellt** werden und darf dann nicht beschäftigt werden vor 9 Uhr und nach mehr als fünf Unterrichtsstunden einmal in der Woche (§ 9 JArbSchG).
- Freistellung am **Prüfungstag** und am Arbeitstag vor der schriftlichen Abschlussprüfung (§ 10 JArbSchG).
- Bei Jugendlichen müssen **Ruhepausen** bei 4,5 bis 6 Stunden Arbeitszeit mindestens 30 Minuten und bei mehr als 6 Stunden Arbeitszeit mindestens 60 Minuten betragen (§ 11 JArbSchG).
- Die **tägliche ununterbrochene Freizeit** muss nach Arbeitszeitende mindestens 12 Stunden betragen (§ 13 JArbSchG).
- Die **Nachtruhe** gilt mit Ausnahmen (z. B. Bäckereien, Gaststätten, Landwirtschaft, Mehrschichtbetriebe) von 20 Uhr bis 6 Uhr (§ 14 JArbSchG).
- Die Jugendlichen haben eine **5-Tage-Woche,** wobei die wöchentlichen Ruhetage nach Möglichkeit aufeinanderfolgen sollen (§ 15 JArbSchG).
- An **Samstagen, Sonn- und Feiertagen** dürfen Jugendliche, abgesehen von branchenspezifischen Ausnahmen (z. B. in Krankenanstalten, in der Landwirtschaft, beim Sport), nicht beschäftigt werden (§§ 16 ff. JArbSchG).
- Der **Urlaub** beträgt jährlich bei 15-Jährigen mindestens 30 Werktage, bei 16-Jährigen mindestens 27 Werktage und bei 17-Jährigen mindestens 25 Werktage (§ 19 JArbSchG).
- Ein Jugendlicher darf nur beschäftigt werden, wenn er eine **ärztliche Erstuntersuchung** nachweisen kann. Vor Ablauf des ersten Beschäftigungsjahres muss eine **erste Nachuntersuchung** erfolgen. Weitere Nachuntersuchungen sind seitens der Jugendlichen freiwillig (§ 32 JArbSchG).
- Arbeitgeber, die regelmäßig mindestens einen Jugendlichen beschäftigen, haben einen Abdruck dieses Gesetzes und die Anschrift der zuständigen Aufsichtsbehörde (Überwachung durch das **Gewerbeaufsichtsamt;** § 51 JarbSchG) **an geeigneter Stelle im Betrieb zur Einsicht auszulegen oder auszuhängen** (§ 47 JArbSchG).

6 Hummel u.a.-ISBN 978-3-8120-0598-2

5.6.6 Mutterschutzgesetz (MuSchG)

> **Welche Bedeutung hat das Mutterschutzgesetz (MuSchG) für einen Betrieb und wie sind die Auswirkungen für die Betroffenen?**

Das Gesetz soll **schwangere Frauen, stillende und auch nicht stillende Mütter,** die erwerbstätig, in der Ausbildung oder im Studium sind, vor ungesunder Beschäftigung schützen.

Der Arbeitgeber hat zum Schutz von Leben und Gesundheit der schwangeren Frau oder stillenden Mutter hinsichtlich der **Gestaltung des Arbeitsplatzes** einschließlich der Maschinen, Werkzeuge usw. Vorkehrungen und Maßnahmen zu treffen (§§ 9 ff. MuSchG).

Grundsätzlich gilt ein **Beschäftigungsverbot** von mindestens 6 Wochen vor und 8 Wochen nach der Entbindung (§ 3 MuSchG). Erklären sich schwangere Frauen zur Arbeitsleistung ausdrücklich bereit, dürfen sie in den letzten sechs Wochen vor der Entbindung beschäftigt werden. Die Erklärung kann jederzeit widerrufen werden.

Ein **sofortiges Beschäftigungsverbot** für Schwangere ergibt sich nach ärztlichem Zeugnis (§ 16 MuSchG).

Schwangere Frauen dürfen nicht mit **schweren körperlichen und gesundheitsgefährdenden Arbeiten** beschäftigt werden oder Akkord- oder Fließarbeit machen (§ 11 MuSchG).

Schwangere Frauen und stillende Mütter dürfen nicht mit **Mehrarbeit,** nicht in der **Nacht** zwischen 20 und 6 Uhr und nicht an **Sonn- und Feiertagen** beschäftigt werden (§§ 4 ff. MuSchG).

Die **Kündigung** gegenüber einer Frau während der Schwangerschaft und bis zum Ablauf von vier Monaten nach der Entbindung ist unzulässig (§ 17 MuSchG).

Der Kündigungsschutz verlängert sich bei Inanspruchnahme von **Elternzeit** über die Mutterschutzfrist hinaus bis zum Ablauf der Elternzeit (§ 18 BEEG [Bundeselterngeld- und Elternzeitgesetz]), aber maximal bis zur Vollendung des dritten Lebensjahres des Kindes (§ 15 BEEG).

Frauen, die Mitglied einer gesetzlichen Krankenkasse sind, erhalten für die Zeit der Schutzfristen sowie für den Entbindungstag **Mutterschaftsgeld** (§ 19 MuSchG).

Bei **Beschäftigungsverboten** haben die Frauen einen **Anspruch auf Arbeitsentgelt,** soweit kein Anspruch auf Mutterschaftsgeld besteht (§ 18 MuSchG).

5.6.7 Bundesurlaubsgesetz (BUrlG)

> **Welche Bedeutung hat das Bundesurlaubsgesetz (BUrlG) für einen Betrieb und wie sind die Auswirkungen für die Betroffenen?**

Das Gesetz schreibt vor, dass jeder Arbeitnehmer Anspruch auf einen **bezahlten Erholungsurlaub** von mindestens 24 Werktagen pro Jahr hat. Als **Werktage** gelten alle Kalendertage, die nicht Sonn- oder gesetzliche Feiertage sind, d. h. von Montag bis Samstag (§§ 1, 3 BUrlG).

Der volle Urlaubsanspruch wird erstmalig nach sechsmonatigem Bestehen des Arbeitsverhältnisses erworben, die sogenannte **Wartezeit** (§ 4 BUrlG).

Weiterhin regelt das Gesetz Folgendes:

➤ Die Übertragung auf das Folgejahr und die Urlaubsabgeltung bei Beendigung des Arbeitsverhältnisses (§ 7 BUrlG).

➤ Es darf keine dem Urlaubszweck widersprechende Erwerbstätigkeit geleistet werden (§ 8 BUrlG).

➤ Erkrankt ein Arbeitnehmer während des Urlaubs, so werden die durch ärztliches Zeugnis nachgewiesenen Tage der Arbeitsunfähigkeit auf den Jahresurlaub nicht angerechnet (§ 9 BUrlG).

➤ Maßnahmen der medizinischen Vorsorge oder Rehabilitation dürfen nicht auf den Urlaub angerechnet werden (§ 10 BUrlG).

➤ Anspruch auf Zahlung von Urlaubsentgelt. Dabei bemisst es sich nach dem durchschnittlichen Arbeitsverdienst, den der Arbeitnehmer in den letzten dreizehn Wochen vor dem Beginn des Urlaubs erhalten hat, mit Ausnahme des zusätzlich für Überstunden gezahlten Arbeitsverdienstes. Das Urlaubsentgelt ist vor Antritt des Urlaubs auszuzahlen (§ 11 BUrlG).

Durch Tarifverträge, Betriebsvereinbarungen oder Einzelarbeitsverträge **kann zugunsten der Arbeitnehmer von dem Gesetz abgewichen werden** (§ 13 BUrlG).

PRÜFUNGSTRAINING

Aufgabe 1

Entscheiden Sie, welche der folgenden Gesetze die unten stehenden Fälle regelt!

Gesetze

① Berufsbildungsgesetz

② Betriebsverfassungsgesetz

③ Bundeselterngeld- und Elternzeitgesetz

④ Kündigungsschutzgesetz

⑤ Mutterschutzgesetz

Tragen Sie die Ziffer vor dem jeweils zutreffenden Gesetz in das Kästchen ein!

Fälle

a) Die kurz vor der Entbindung stehende Fachkraft für Lagerlogistik Elke Schneider soll aufgrund hohen Arbeitsanfalls bis kurz vor der Geburt des Kindes im Lager arbeiten. _____ ☐

b) Frau Schmitz will für die Betreuung ihres fünf Monate alten Sohnes Elterngeld beantragen. _____ ☐

c) Dem Betriebsratsmitglied Eduard Fritz soll gekündigt werden, da seine Abteilung aufgelöst wird. _____ ☐

d) Dem Lagerarbeiter Werner Heinen soll aus betriebsbedingten Gründen nach 18-jähriger Betriebszugehörigkeit gekündigt werden. _____ ☐

e) Im Ausbildungsvertrag von Rainer Abel soll eine 1-monatige Probezeit vereinbart werden. _____ ☐

Aufgabe 2

In Ihrem Unternehmen gibt es einen Betriebsrat und eine Jugend- und Auszubildendenvertretung. Sie möchten sich als Kandidat bei der demnächst stattfindenden Wahl zur Jugend- und Auszubildendenvertretung aufstellen lassen. In welchem Gesetz finden Sie Näheres über die Wahl?

① Berufsbildungsgesetz (BBiG)

② Betriebsverfassungsgesetz (BetrVG)

③ Bürgerliches Gesetzbuch (BGB)

④ Grundgesetz (GG)

⑤ Jugendarbeitsschutzgesetz (JArbSchG)

Tragen Sie die Ziffer vor der zutreffenden Antwort in das Kästchen ein! _____ ☐

Aufgabe 3

Ein Mitarbeiter der Gewerbeaufsichtsbehörde überprüft heute Ihr Unternehmen. Welchen der nachfolgenden Sachverhalte darf er kontrollieren?

① Die Einhaltung der Regelungen des Jugendarbeitsschutzgesetzes

② Die Einhaltung der richtigen Abführung von Sozialversicherungsbeiträgen

③ Die Einhaltung der Richtlinien zur Bilanzaufstellung

④ Die Einhaltung der tariflich festgelegten Mindestlöhne

⑤ Die Einhaltung des Betriebsverfassungsgesetzes bei den Betriebsratswahlen

Tragen Sie die Ziffer vor der zutreffenden Antwort in das Kästchen ein! _____ ☐

Aufgabe 4

Sie sind gewähltes Betriebsratsmitglied und wollen bei Maßnahmen mitbestimmen, die vom Arbeitgeber geplant werden. Bei welcher Maßnahme ist dies nur möglich?

① Bei der Aufnahme weiterer Gesellschafter

② Bei der Umstellung auf ökologisch produzierten Strom

③ Bei der Veränderung der Pausenregelung

④ Beim Upgrade des Lagerverwaltungsprogrammes

⑤ Beim Wechsel der Reinigungsfirma

Tragen Sie die Ziffer vor der zutreffenden Antwort in das Kästchen ein! _____ ☐

Aufgabe 5

In welchem der nachfolgenden Fälle würde der Betriebsrat seine Kompetenzen überschreiten?

① Er beantragt beim Arbeitgeber die Errichtung von Duschen im Sozialraum.

② Er berät einen fristlos gekündigten Mitarbeiter.

③ Er lehnt die Teilnahme der Presse an einer Betriebsversammlung ab.

④ Er schließt mit dem Arbeitgeberverband einen Tarifvertrag für das Unternehmen ab.

⑤ Er verlangt die Bewerbungsunterlagen für die neu eingerichtete Stelle „Fachkraft für Arbeitssicherheit".

Tragen Sie die Ziffer vor der zutreffenden Antwort in das Kästchen ein! _____ ☐

Aufgabe 6

In welchem Gesetz sind die Mitbestimmungsrechte der Arbeitnehmer und Arbeitnehmerinnen geregelt?

① Im Berufsbildungsgesetz (BBiG)

② Im Betriebsverfassungsgesetz (BetrVG)

③ Im Bürgerlichen Gesetzbuch (BGB)

④ Im Grundgesetz (GG)

⑤ Im Tarifvertragsgesetz (TVG)

Tragen Sie die Ziffer vor der zutreffenden Antwort in das Kästchen ein! _____ ☐

Aufgabe 7

Ihr Arbeitgeber will im kommenden Jahr nachfolgende Maßnahmen durchführen. Welche zwei Maßnahmen können **ohne** Beteiligung des Betriebsrates erfolgen?

① Betriebsferien im August

② Einführung der Gleitzeit

③ Einstellung eines leitenden Angestellten

④ Einführung eines Systems zu Mitarbeiterbeurteilung

⑤ Übernahme einer 25 %igen Beteiligung an einem ausländischen Unternehmen

⑥ Überstunden vier Wochen vor Weihnachten

Tragen Sie die Ziffern vor den zutreffenden Antworten in aufsteigender Reihenfolge in die Kästchen ein! _____ ☐ ☐

Aufgabe 8

Die Fachkraft für Lagerlogistik Hubert Opitz möchte den vor 3 Jahren abgeschlossenen Arbeitsvertrag entsprechend der gesetzlichen Kündigungsfrist am 10. Oktober dieses Jahres (d. J.) kündigen. Zu welchem Termin kann Herr Opitz frühestens kündigen?

① Zum 15. Oktober d. J.

② Zum 31. Oktober d. J.

③ Zum 15. November d. J.

④ Zum 30. November d. J.

⑤ Zum 15. Dezember d. J.

⑥ Zum 31. Dezember d. J.

Tragen Sie die Ziffer vor der zutreffenden Antwort in das Kästchen ein! _____ ☐

Aufgabe 9

Welche Formvorschriften müssen bei einer Kündigung beachtet werden?

① Sie bedarf der Schriftform.

② Sie bedarf keiner besonderen Form.

③ Sie bedarf nur der Schriftform, wenn es einzelvertraglich vereinbart wurde.

④ Sie bedarf nur der Schriftform, wenn es tarifvertraglich vereinbart wurde.

⑤ Sie kann mündlich erfolgen.

Tragen Sie die Ziffer vor der zutreffenden Antwort in das Kästchen ein! _____ ☐

Aufgabe 10

Dem Lagermitarbeiter Wilfried Rüdiger, der seit 4 Jahren im Unternehmen beschäftigt ist, soll wegen häufiger unentschuldigter Fehlzeiten ordentlich gekündigt werden. Stellen Sie mithilfe des auf Seite 79 abgebildeten § 622 BGB fest, zu welchem Datum Herrn Rüdiger am 07.05. dieses Jahres (d. J.) unter Einhaltung der gesetzlichen Kündigungsfrist frühestens gekündigt werden kann!

① Zum 31.05. d. J.

② Zum 30.06. d. J.

③ Zum 31.07. d. J.

④ Zum 31.08. d. J.

⑤ Zum 30.09. d. J.

Tragen Sie die Ziffer vor der zutreffenden Antwort in das Kästchen ein! _____ ☐

Aufgabe 11

Muss der Betriebsrat bei der Kündigung des Herrn Rüdiger (siehe Aufgabe 10) einbezogen werden?

① Ja, der Betriebsrat muss der Kündigung zustimmen, ansonsten wäre sie unwirksam.

② Ja, der Betriebsrat muss über die Kündigung informiert werden, ansonsten ist sie unwirksam, wenn die Information nicht spätestens zwei Wochen nach der Kündigung an den Betriebsrat erfolgt.

③ Ja, der Betriebsrat muss vor der Kündigung gehört werden, wobei ihm die Gründe für die Kündigung mitzuteilen sind, ansonsten ist die Kündigung unwirksam.

④ Nein, da eine Beteiligung des Betriebsrates nur bei fristlosen Kündigungen notwendig ist.

⑤ Nein, da Herr Rüdiger bereits mehrfach abgemahnt wurde, ist die Beteiligung des Betriebsrates nicht nötig.

Tragen Sie die Ziffer vor der zutreffenden Antwort in das Kästchen ein! _____ ☐

Aufgabe 12

Welche Verpflichtung ergibt sich für den Arbeitgeber bei Beendigung eines Arbeitsverhältnisses im Hinblick auf die Zeugniserteilungspflicht?

① Der Arbeitgeber ist trotz des Verlangens des Arbeitnehmers nicht verpflichtet, ein Zeugnis auszustellen.

② Der Arbeitgeber muss auf Verlangen des Arbeitnehmers im Zeugnis auch auf Führung und Leistung eingehen.

③ Der Arbeitgeber muss immer bei Beendigung des Arbeitsverhältnisses ein Zeugnis über das Arbeitsverhältnis und dessen Dauer erteilen, jedoch keine Leistungsbewertung.

④ Der Arbeitgeber muss immer ein Zeugnis mit Leistungsbewertung ausstellen.

⑤ Der Arbeitgeber muss immer ohne Aufforderung 4 Wochen nach Beendigung des Arbeitsverhältnisses ein schriftliches Zeugnis über das Arbeitsverhältnis und dessen Dauer erteilen.

Tragen Sie die Ziffer vor der zutreffenden Antwort in das Kästchen ein! _____ ☐

Aufgabe 13

Der Arbeitnehmer Siegfried Ringer erhält am 07.06. dieses Jahres (d. J.) die Kündigung, die er für sozial ungerechtfertigt hält. Wann muss er spätestens aufgrund des Kündigungsschutzgesetzes (siehe nachstehende Paragrafen) beim Arbeitsgericht Klage erheben?

① Am 14.06. d.J.

② Am 28.06. d.J.

③ Am 30.06. d.J.

④ Am 01.07. d.J.

⑤ Am 31.07. d.J.

⑥ Am 31.08. d.J.

Tragen Sie die Ziffer vor der zutreffenden Antwort in das Kästchen ein! _____ ☐

---

§ 3 KSchG (Kündigungseinspruch)

Hält der Arbeitnehmer eine Kündigung für sozial ungerechtfertigt, so kann er binnen einer Woche nach der Kündigung Einspruch beim Betriebsrat einlegen. Erachtet der Betriebsrat den Einspruch für begründet, so hat er zu versuchen, eine Verständigung mit dem Arbeitgeber herbeizuführen. Er hat seine Stellungnahme zu dem Einspruch dem Arbeitnehmer und dem Arbeitgeber auf Verlangen schriftlich mitzuteilen.

§ 4 KSchG (Anrufung des Arbeitsgerichtes)

Will ein Arbeitnehmer geltend machen, dass eine Kündigung sozial ungerechtfertigt ist, so muss er innerhalb von drei Wochen nach Zugang der Kündigung Klage beim Arbeitsgericht auf Feststellung erheben, dass das Arbeitsverhältnis durch die Kündigung nicht aufgelöst ist. Im Falle des § 2 ist die Klage auf Feststellung zu erheben, dass die Änderung der Arbeitsbedingungen sozial ungerechtfertigt ist. Hat der Arbeitnehmer Einspruch beim Betriebsrat eingelegt (§ 3), so soll er der Klage die Stellungnahme des Betriebsrates beifügen.

Aufgabe 14

Für welche nachfolgend beschriebenen Mitarbeiter besteht ein besonderer gesetzlicher Kündigungsschutz!

① Für alle Mitarbeiter während der Probezeit

② Für alle Gewerkschaftsmitglieder

③ Für alle jugendlichen Mitarbeiter

④ Für alle Mitglieder der Jugend- und Auszubildendenvertretung

⑤ Für alle volljährigen Mitarbeiter mit einem befristeten Arbeitsvertrag

Tragen Sie die Ziffer vor der zutreffenden Antwort in das Kästchen ein! _____ ☐

Aufgabe 15

Das Arbeitszeitgesetz legt die Grundnormen dafür fest, wann und wie lange Arbeitnehmerinnen und Arbeitnehmer höchstens arbeiten dürfen. Entscheiden Sie, welche zwei nachstehenden Aussagen **nicht** zutreffen!

① An Sonn- und Feiertagen sollen sich die Arbeitnehmerinnen und Arbeitnehmer ausruhen und erholen können.

---

② Das Arbeitszeitgesetz schützt Arbeitnehmerinnen und Arbeitnehmer sowie die zu ihrer Berufsausbildung Beschäftigten.

③ Die Tarifvertragsparteien können die Arbeitszeitgrundnormen (Achtstundentag, Pausenregelung, Ruhezeiten, Ausgleichszeitraum) an die Notwendigkeiten der Praxis in einem gesundheitlich vertretbaren Rahmen anpassen.

④ Die werktägliche Arbeitszeit der Arbeitnehmer darf zwölf Stunden nicht überschreiten.

⑤ Für Nachtarbeitnehmerinnen und -arbeitnehmer sind arbeitsmedizinische Untersuchungen vorgeschrieben.

⑥ Nach Feierabend besteht Anspruch auf eine ununterbrochene Ruhezeit von sechs Stunden.

⑦ Niemand darf länger als sechs Stunden ohne Ruhepause arbeiten.

Tragen Sie die Ziffern vor den zutreffenden Antworten in aufsteigender Reihenfolge in die Kästchen ein! _____ ☐ ☐

Aufgabe 16

Die 16-jährige Frau Eva Schirner beginnt ihre Ausbildung am 01.09. dieses Jahres (d.J.). Der Ausbildungsbetrieb setzt einen Termin für die gesetzlich vorgeschriebene erste Nachuntersuchung für sie fest. Ab welchem Datum darf Frau Schirner ohne Vorlage der Nachuntersuchungsbescheinigung nicht mehr beschäftigt werden (siehe nachstehenden Paragrafen des Jugendarbeitsschutzgesetzes)?

Tragen Sie das Datum (TT.MM.JJJJ) in das Kästchen ein! _____ [_____]

§ 33 JArbSchG (Erste Nachuntersuchung)

(1) Ein Jahr nach Aufnahme der ersten Beschäftigung hat sich der Arbeitgeber die Bescheinigung eines Arztes darüber vorlegen zu lassen, dass der Jugendliche nachuntersucht worden ist (erste Nachuntersuchung). Die Nachuntersuchung darf nicht länger als drei Monate zurückliegen. Der Arbeitgeber soll den Jugendlichen neun Monate nach Aufnahme der ersten Beschäftigung nachdrücklich auf den Zeitpunkt, bis zu dem der Jugendliche ihm die ärztliche Bescheinigung nach Satz 1 vorzulegen hat, hinweisen und ihn auffordern, die Nachuntersuchung bis dahin durchführen zu lassen.

(2) Legt der Jugendliche die Bescheinigung nicht nach Ablauf eines Jahres vor, hat ihn der Arbeitgeber innerhalb eines Monats unter Hinweis auf das Beschäftigungsverbot nach Absatz 3 schriftlich aufzufordern, ihm die Bescheinigung vorzulegen. Je eine Durchschrift des Aufforderungsschreibens hat der Arbeitgeber dem Personensorgeberechtigten und dem Betriebs- oder Personalrat zuzusenden.

(3) Der Jugendliche darf nach Ablauf von 14 Monaten nach Aufnahme der ersten Beschäftigung nicht weiterbeschäftigt werden, solange er die Bescheinigung nicht vorgelegt hat.

Aufgabe 17

Eine der unten stehenden Dienstplanregelungen für Frau Schirner verstößt gegen das Jugendarbeitsschutzgesetz und muss daher geändert werden. Um welche Regelung handelt es sich?

① Auf den auf einen Berufsschultag folgenden Tag (Unterrichtsbeginn 07:45 Uhr) darf die Auszubildende den Betrieb um 19:00 Uhr verlassen.

② Aufgrund einer Sonderveranstaltung muss die Auszubildende um 7 Uhr im Betrieb erscheinen.

③ Die Ausbildungszeit der Auszubildenden dauert von 13:00 Uhr bis 22:00 Uhr einschließlich einer Pause von 60 Minuten.

④ Die Auszubildende darf normalerweise abends bis 22 Uhr im Betrieb sein.

⑤ Nach dem Berufsschulunterricht, der einmal in der Woche stattfindet und von 07:45 Uhr bis 13:00 Uhr (6 Unterrichtsstunden zu je 45 Minuten plus Pausen) dauert, muss die Auszubildende noch 2 Stunden in den Betrieb kommen.

Tragen Sie die Ziffer vor der zutreffenden Antwort in das Kästchen ein! _____ ☐

Aufgabe 18

Die 16-jährige Frau Schirner erhält den nachfolgenden Dienstplan. Prüfen Sie, an welchem in der Abbildung angegebenen Wochentag gegen das Jugendarbeitsschutzgesetz verstoßen wird!

	Beginn und Ende der Arbeitszeit	**1. Pause**
① Montag	07:00 bis 15:00 Uhr	11:30 Uhr
② Dienstag	09:00 bis 17:00 Uhr	14:00 Uhr
③ Mittwoch	08:00 bis 17:00 Uhr	12:30 Uhr
④ Donnerstag	08:00 bis 17:00 Uhr	12:00 Uhr
⑤ Freitag	09:30 bis 17:30 Uhr	14:00 Uhr
⑥ Samstag und Sonntag: frei		

Tragen Sie die Ziffer vor der zutreffenden Antwort in das Kästchen ein! _____ ☐

Aufgabe 19

Wie viele Wochenarbeitsstunden darf der Dienstplan eines jugendlichen Arbeitnehmers grundsätzlich maximal enthalten, ohne die Bestimmungen des Jugendarbeitsschutzgesetzes zu verletzen?

Tragen Sie die Stundenzahl in das Kästchen ein! _____ | Stunden |

Aufgabe 20

Stellen Sie anhand des nachfolgend abgebildeten Auszugs aus dem Jugendarbeitsschutzgesetz, welcher Jugendliche an einem Samstag **nicht** beschäftigt werden darf!

① Dennis ist Auszubildender zum Versicherungskaufmann und soll an einem Freitag und Samstag ein von seinem Ausbilder organisiertes Seminar zum Thema „Feuerversicherung" besuchen.

② Erika soll als Sanitäterin beim Malteser Hilfsdienst an einem Samstag arbeiten.

③ Günter ist ein ungelernter Mitarbeiter auf einem Bauernhof und soll an einem Samstag arbeiten.

④ Kevin ist Auszubildender zum Bankkaufmann und soll an einem Samstag in seiner Bank bei der Einführung eines neuen Computersystems mithelfen.

⑤ Klaus soll in einer Bäckerei als Auszubildender an einem Samstag beschäftigt werden.

Tragen Sie die Ziffer vor der zutreffenden Antwort in das Kästchen ein! _____ ☐

§ 16 JArbSchG (Samstagsruhe)

(1) An Samstagen dürfen Jugendliche nicht beschäftigt werden.

(2) Zulässig ist die Beschäftigung Jugendlicher an Samstagen nur

1. in Krankenanstalten sowie in Alten-, Pflege- und Kinderheimen,

2. in offenen Verkaufsstellen, in Betrieben mit offenen Verkaufsstellen, in Bäckereien und Konditoreien, im Friseurhandwerk und im Marktverkehr,

3. im Verkehrswesen,

4. in der Landwirtschaft und Tierhaltung,

5. im Familienhaushalt,

6. im Gaststätten- und Schaustellergewerbe,

7. bei Musikaufführungen, Theatervorstellungen und anderen Aufführungen, bei Aufnahmen im Rundfunk (Hörfunk und Fernsehen), auf Ton- und Bildträger sowie bei Film- und Fotoaufnahmen,

8. bei außerbetrieblichen Ausbildungsmaßnahmen,

9. beim Sport,

10. im ärztlichen Notdienst,

11. in Reparaturwerkstätten für Kraftfahrzeuge.

Mindestens zwei Samstage im Monat sollen beschäftigungsfrei bleiben.

Aufgabe 21

Frau Sonne stellt im Sommer dieses Jahres fest, dass sie schwanger ist. Da sie deswegen eine Kündigung befürchtet, sollten Sie Frau Sonne korrekt informieren.

① „Da Sie beim Abschluss des Arbeitsvertrages noch keine Kenntnis von der Schwangerschaft hatten, darf Ihnen nicht gekündigt werden!"

② „Da Sie einem besonderen Kündigungsschutz unterliegen, darf Ihnen nicht gekündigt werden!"

③ „Da Sie im Vorstellungsgespräch die Frage nach einer möglichen bestehenden Schwangerschaft verneint haben, kann Ihnen gekündigt werden!"

④ „Da Sie keine Abmahnung erhalten haben und der Betriebsrat nicht informiert wurde, darf Ihnen nicht gekündigt werden!"

⑤ „Da Sie sich noch in der Probezeit befinden, kann Ihnen gekündigt werden!"

⑥ „Ihnen darf fristgerecht gekündigt werden!"

Tragen Sie die Ziffer vor der zutreffenden Antwort in das Kästchen ein! _____ ☐

Aufgabe 22

Frau Länder informiert ihren Arbeitgeber im Juni dieses Jahres, dass sie schwanger ist. Sie legt ihm ein Attest vor, wonach mit der Entbindung am 14. Dezember dieses Jahres zu rechnen ist. Bringen Sie die folgenden Schritte in die richtige Reihenfolge, indem Sie die Ziffern 1 bis 5 in die Kästchen neben den Schritten eintragen!

a) Das 6-wöchige Beschäftigungsverbot beginnt. _____ ☐

b) Das 8-wöchige Beschäftigungsverbot beginnt. _____ ☐

c) Frau Länder bringt am 14. Dezember dieses Jahres eine gesunde Tochter zur Welt. ____ ☐

d) Frau Länder darf ab jetzt im Betrieb nicht mehr im Akkord arbeiten. _____ ☐

e) Frau Länder informiert ihren Arbeitgeber, dass sie schwanger ist. _____ ☐

Aufgabe 23

Ein Arbeitgeber eines mittelständischen Betriebes mit 230 Beschäftigten wird von einer Mitarbeiterin über ihre Schwangerschaft informiert. Was muss er daraufhin tun (siehe nachstehenden Auszug aus dem Mutterschutzgesetz)?

① Er muss den mutmaßlichen Tag der Entbindung berechnen.

② Er muss die Betriebsversammlung über die Schwangerschaft informieren.

③ Er muss die schwangere Mitarbeiterin auffordern, den Betriebsarzt regelmäßig zu besuchen.

④ Er muss die zuständige Gewerbeaufsichtsbehörde unverzüglich darüber informieren.

⑤ Er muss von der schwangeren Mitarbeiterin unverzüglich eine ärztliche Bescheinigung verlangen.

Tragen Sie die Ziffer vor der zutreffenden Antwort in das Kästchen ein! _____ ☐

§ 15 Mitteilungen und Nachweise der schwangeren und stillenden Frauen

(1) Eine schwangere Frau soll ihrem Arbeitgeber ihre Schwangerschaft und den voraussichtlichen Tag der Entbindung mitteilen, sobald sie weiß, dass sie schwanger ist. Eine stillende Frau soll ihrem Arbeitgeber so früh wie möglich mitteilen, dass sie stillt.

(2) Auf Verlangen des Arbeitgebers soll eine schwangere Frau als Nachweis über ihre Schwangerschaft ein ärztliches Zeugnis oder das Zeugnis einer Hebamme oder eines Entbindungspflegers vorlegen. Das Zeugnis über die Schwangerschaft soll den voraussichtlichen Tag der Entbindung enthalten.

§ 27 Mitteilungs- und Aufbewahrungspflichten des Arbeitgebers, Offenbarungsverbot der mit der Überwachung beauftragten Personen

(1) Der Arbeitgeber hat die Aufsichtsbehörde unverzüglich zu benachrichtigen,

1. wenn eine Frau ihm mitgeteilt hat,
   a) dass sie schwanger ist oder
   b) dass sie stillt, es sei denn, er hat die Aufsichtsbehörde bereits über die Schwangerschaft dieser Frau benachrichtigt […]

Er darf diese Informationen nicht unbefugt an Dritte weitergeben.

Aufgabe 24

Eine schwangere Arbeitskollegin erzählt Ihnen, dass der Arbeitgeber von ihr zur Bestätigung der Schwangerschaft ein ärztliches Attest verlangt. Prüfen Sie anhand des vorstehend abgebildeten Auszugs (siehe Aufgabe 23) aus dem Mutterschutzgesetz, wer rechtlich für die dafür anfallenden Kosten aufkommen muss!

① Der Arbeitgeber

② Der Arzt

③ Die Berufsgenossenschaft

④ Die Krankenkasse

⑤ Die schwangere Kollegin

Tragen Sie die Ziffer vor der zutreffenden Antwort in das Kästchen ein! _____ ☐

Aufgabe 25

Die Lagermitarbeiterin Frau Höller legt Ihrem Arbeitgeber ein ärztliches Attest vor, das ihre Schwangerschaft bestätigt und aus dem hervorgeht, dass mit der Entbindung voraussichtlich am 1. Dezember dieses Jahres zu rechnen sei. Welche zwei Beschäftigungsverbote gemäß Mutterschutzgesetz muss ihr Arbeitgeber bei Frau Höller grundsätzlich beachten?

Vor der Entbindung

① 6 Wochen Beschäftigungsverbot, keine Ausnahmen möglich

② 8 Wochen Beschäftigungsverbot, keine Ausnahmen möglich

③ 6 Wochen Beschäftigungsverbot, auf Wunsch von Frau Höller Verkürzung möglich

④ 8 Wochen Beschäftigungsverbot, auf Wunsch von Frau Höller Verkürzung möglich

Nach der Entbindung

⑤ 6 Wochen Beschäftigungsverbot, keine Ausnahmen möglich

⑥ 8 Wochen Beschäftigungsverbot, keine Ausnahmen möglich

⑦ 6 Wochen Beschäftigungsverbot, auf Wunsch von Frau Höller Verkürzung möglich

⑧ 8 Wochen Beschäftigungsverbot, auf Wunsch von Frau Höller Verkürzung möglich

Tragen Sie die Ziffern vor den zutreffenden Antworten in aufsteigender Reihenfolge in die Kästchen ein! _____ ☐ ☐

Aufgabe 26

Frau Höller will bis kurz vor der Entbindung weiterarbeiten. Prüfen Sie die Zulässigkeit dieser Entscheidung!

① Ja, nur wenn die schwangere Mitarbeiterin auf Elterngeld verzichtet.

② Ja, nur wenn dringende betriebliche Erfordernisse es notwendig machen.

③ Ja, sie darf bis zur Entbindung auf ihren ausdrücklichen Wunsch weiterbeschäftigt werden.

④ Nein, es gelten immer die Schutzfristen acht Wochen vor und sechs Wochen nach der Entbindung.

⑤ Nein, es gilt gemäß dem Mutterschutzgesetz ein absolutes Beschäftigungsverbot für die letzten sechs Wochen vor der Entbindung.

Tragen Sie die Ziffer vor der zutreffenden Antwort in das Kästchen ein! _____ ☐

Aufgabe 27

Laut Arbeitsvertrag stehen einem volljährigen Arbeitnehmer jedes Jahr 32 Werktage Urlaub zu. Wie viele Werktage Urlaub erhält der Arbeitnehmer mehr, als im Bundesurlaubsgesetz als Mindesturlaub vorgeschrieben sind?

Tragen Sie die Ziffer in das Kästchen ein! _____ ☐

Aufgabe 28

Herr Gruner ist seit mehreren Jahren in einem Unternehmen tätig. In diesem Sommer war er mit seiner Familie in Italien im Urlaub. Am 16. Juli dieses Jahres bemerkt er, dass er sich eine Erkältung zugezogen hat, und bleibt die kommenden 3 Tage im Bett. Als sein Zustand am 19. Juli dieses Jahres noch immer unverändert ist, besucht er einen Arzt. Dieser bescheinigt ihm seine Erkrankung vom 19. bis zum 21. Juli dieses Jahres. Nach der Rückkehr aus seinem Urlaub verlangt Herr Gruner von seinem Arbeitgeber die Korrektur seines Urlaubsanspruches wegen seiner Krankheit um 6 Tage. Wie ist die Rechtslage?

① Da ausländische Bescheinigungen nicht anerkannt werden können, hat Herr Gruner keinen Anspruch auf die Korrektur seines Urlaubs.

② Da Herr Gruner ein äußerst zuverlässiger Mitarbeiter ist, hat er einen gesetzlichen Anspruch auf die von ihm verlangten 6 Tage Urlaub.

③ Da Herr Gruner für 3 Tage ein ärztliches Attest nachweisen kann, erhält er diese 3 Tage Urlaub gutgeschrieben.

④ Die Korrektur der Urlaubstage kann grundsätzlich zwischen dem Arbeitgeber und dem Arbeitnehmer verhandelt werden.

⑤ Herr Gruner erhält 4,5 Tage Urlaub gutgeschrieben; aufgrund des ärztlichen Attestes 3 Tage und für die Tage ohne Attest je einen halben Tag.

Tragen Sie die Ziffer vor der zutreffenden Antwort in das Kästchen ein! _____ ☐

6 Grundlagen des Wirtschaftens

6.1 Wirtschaftliche Grundbegriffe

KOMPAKTWISSEN

6.1.1 Vom Bedürfnis zur Nachfrage

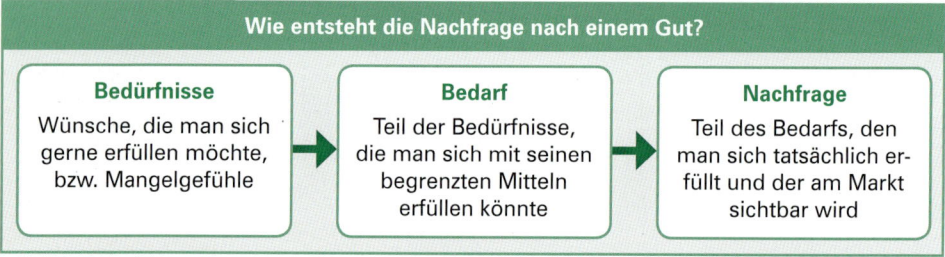

Wie entsteht die Nachfrage nach einem Gut?

Bedürfnisse	Bedarf	Nachfrage
Wünsche, die man sich gerne erfüllen möchte, bzw. Mangelgefühle	Teil der Bedürfnisse, die man sich mit seinen begrenzten Mitteln erfüllen könnte	Teil des Bedarfs, den man sich tatsächlich erfüllt und der am Markt sichtbar wird

6.1.2 Bedürfnisarten

Welche Bedürfnisse werden unterschieden?

Unterscheidung der Bedürfnisse

nach der Dringlichkeit	nach der Bewusstheit	nach der Art der Befriedigung	nach der Häufigkeit	nach der Zielrichtung
Existenz-bedürfnisse z.B. Nahrungs-mittel	**Offene Bedürfnisse** z.B. das Ersetzen einer verschlisse-nen Jeans	**Individual-bedürfnisse** z.B. eine eigene Wohnung	**Einmalige Bedürfnisse** z.B. eine Weltreise	**Materielle Bedürfnisse** z.B. Appetit auf Obst
Kulturbedürfnisse z.B. Konzert-besuche	**Versteckte Bedürfnisse** z.B. der spontane Kauf eines Kleids auf einer Moden-schau	**Kollektiv-bedürfnisse** z.B. Frieden auf der Welt	**Mehrmalige Bedürfnisse** z.B. der Durst auf Eistee	**Immaterielle Bedürfnisse** z.B. das Verlangen nach Anerkennung
Luxusbedürfnisse z.B. eine Segel-jacht				

6.1.3 Güterarten

Welche Güterarten werden unterschieden?					
Güter sind Mittel zur Bedürfnisbefriedigung, weil sie einen Nutzen stiften.					
Freie Güter sind kostenlos.	**Unfreie Güter** haben Preise.	**Substitutionsgüter** ersetzen einander.	**Komplementärgüter** ergänzen einander.	**Materielle Güter** sind greifbar.	**Immaterielle Güter** sind stofflos.
Produktionsgüter werden zur Herstellung eingesetzt.	**Konsumgüter** werden in Haushalten verwendet.	**Rechte** sind Erlaubnisse zur Nutzung.	**Dienstleistungen** sind am Markt bewertete Leistungen.	**Gebrauchsgüter** sind zur mehrmaligen Verwendung bestimmt.	**Verbrauchsgüter** sind zur einmaligen Verwendung bestimmt.

6.1.4 Wirtschaftsgüter

6.1.5 Ökonomisches Prinzip

Was versteht man unter dem ökonomischen Prinzip?

Wegen der Knappheit der Mittel müssen die beteiligten Wirtschaftssubjekte bei der Befriedigung der Bedürfnisse haushalten. Dies geschieht, indem sie sich nach dem Minimal- oder Maximalprinzip verhalten.

Minimalprinzip	Maximalprinzip
Ein ganz genau festgelegtes Ziel soll mit minimalem Mitteleinsatz erreicht werden.	Mit einem ganz genau festgelegten Mitteleinsatz soll ein maximaler Erfolg erzielt werden.
Beispiel:	**Beispiel:**
Das Bestehen einer Prüfung soll mit möglichst wenig Aufwand erreicht werden.	Mit der Vorbereitungszeit von genau 2 Monaten soll das bestmögliche Prüfungsergebnis erzielt werden.

6.1.6 Haushaltsplan

Wozu sollten Wirtschafssubjekte einen Haushaltsplan aufstellen?

➤ Damit sich die Wirtschaftssubjekte bei der Bedürfnisbefriedigung nicht überschulden, sollten sie ihre monatlichen Einnahmen wie Löhne, Unterhaltszahlungen, Kindergeld etc. und ihre Ausgaben für Miete, Versicherungen, Fahrten zur Schule, Handy, Lebensmittel etc. in einem Haushaltsplan gegenüberstellen.

➤ Jedes Wirtschaftssubjekt sollte einen Haushaltsplan aufstellen, um einen Überblick darüber zu bekommen, wo das Geld bleibt, und um besser mit dem Geld auszukommen.

➤ Ein Haushaltsplan ist ein bewährtes Mittel, um sich vor der drohenden Schuldenfalle zu schützen.

6.1.7 Preisbildung

Wie bildet sich ein Preis auf einem Markt?

Ein Preis bildet sich auf einem Markt im Schnittpunkt von Angebots- und Nachfragekurve. Bei einem hohen Preis ist die Angebotsmenge hoch und die Nachfrage niedrig. Bei einem geringen Preis ist die Angebotsmenge gering und die Nachfrage hoch.

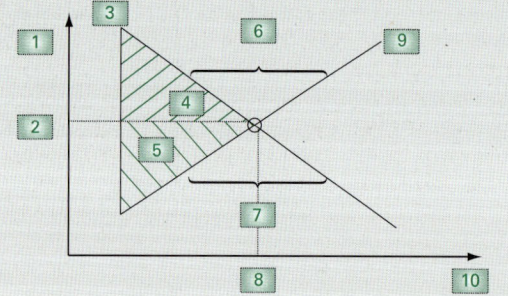

1 = Preisachse
2 = Gleichgewichtspreis
3 = Nachfragekurve
4 = Konsumentenrente
5 = Produzentenrente
6 = Angebotsüberschuss
7 = Nachfrageüberschuss
8 = Gleichgewichtsmenge
9 = Angebotskurve
10 = Mengenachse

PRÜFUNGSTRAINING

Aufgabe 1

Entscheiden Sie, ob die folgenden Aussagen zu den Bedürfnissen

① = richtig oder

⑨ = falsch

sind!

Tragen Sie die entsprechende Ziffer in die Kästchen hinter den jeweiligen Aussagen ein!

a) Für Menschen sind Bedürfnisse Mangelgefühle, die sie beseitigen möchten. _____ ☐

b) Die Nachfrage ist der Teil des Bedarfs, der am Markt als Ausgabe sichtbar wird. _____ ☐

c) Ein Mensch hat nur materielle Bedürfnisse. _____ ☐

d) Ein Mensch kann sich nicht alle Bedürfnisse erfüllen, weil sein Vermögen begrenzt ist. _____ ☐

e) Für Menschen sind Bedürfnisse wie Wünsche, die sie sich gerne erfüllen möchten. ____ ☐

f) Ein Haushaltsplan schützt vor Überschuldung bei der Bedürfnisbefriedigung. _____ ☐

Aufgabe 2

Ordnen Sie den unten stehenden Begriffen die jeweils richtige Beschreibung zu!

Tragen Sie hierzu die Ziffer der jeweiligen Beschreibung in die Kästchen hinter den Begriffen ein!

Beschreibungen

① Güter und Dienstleistungen, die zur Befriedigung der Bedürfnisse zur Verfügung stehen.

② Gefühl des Mangels mit dem Bestreben zur Beseitigung.

③ Teil des Einkommens, der tatsächlich für Güter und Dienstleistungen ausgegeben wird.

④ Güter und Dienstleistungen, die sich gegenseitig ergänzen.

⑤ Teil der Bedürfnisse, der sich durch das verfügbare Einkommen befriedigen lässt.

Begriffe

a) Bedürfnis _____ ☐

b) Bedarf _____ ☐

c) Nachfrage _____ ☐

Aufgabe 3

Ordnen Sie die folgenden Unterscheidungskriterien den unten stehenden Bedürfnissen zu!

① Dringlichkeit des Bedürfnisses   ④ Häufigkeit des Bedürfnisses

② Bewusstheit des Bedürfnisses   ⑤ Zielrichtung des Bedürfnisses

③ Art der Befriedigung

Tragen Sie die Ziffer vor dem jeweils zutreffenden Unterscheidungskriterium in die Kästchen hinter den Aussagen ein!

a) Einmaliges Bedürfnis _____ ☐

b) Materielles Bedürfnis _____ ☐

7 Hummel u.a.-ISBN 978-3-8120-0598-2

c) Verstecktes Bedürfnis _____ ☐

d) Luxusbedürfnis _____ ☐

e) Kollektivbedürfnis _____ ☐

f) Kulturbedürfnis _____ ☐

g) Immaterielles Bedürfnis _____ ☐

h) Individualbedürfnis _____ ☐

i) Existenzbedürfnis _____ ☐

j) Mehrmaliges Bedürfnis _____ ☐

k) Offenes Bedürfnis _____ ☐

Aufgabe 4

Ordnen Sie jeder der folgenden Bedürfnisarten einer der unten stehenden Aussagen zu, indem Sie die Ziffer des jeweils zutreffenden Bedürfnisses in die Kästchen hinter den Aussagen eintragen!

① Existenzbedürfnisse   ④ Versteckte Bedürfnisse

② Luxusbedürfnisse   ⑤ Individualbedürfnisse

③ Offene Bedürfnisse   ⑥ Kollektivbedürfnisse

a) Auf einer Messe wird einem Logistiker bewusst, dass er sich ein Handy kaufen möchte. _____ ☐

b) Menschen in allen Ländern haben das Bedürfnis nach Frieden auf der Welt. _____ ☐

c) Ein erfolgreicher Geschäftsführer kauft sich eine kleine Segeljacht. _____ ☐

d) Ein Berufsschüler kauft sich in der Pause ein Käsebrötchen. _____ ☐

e) Eine Fachkraft für Lagerlogistik spart seit einiger Zeit für eine Geschirrspülmaschine. __ ☐

f) Ein Auszubildender zur Fachkraft für Lagerlogistik mietet eine eigene Wohnung. _____ ☐

Aufgabe 5

Entscheiden Sie, welche der unten stehenden Aussagen auf ein Substitutionsgut zutrifft!

Ein Substitutionsgut ist ein Gut, das

① immer in großen Mengen nachgefragt wird.

② ein anderes Gut ersetzen kann.

③ immer in großen Mengen hergestellt wird.

④ nur in Verbindung mit einem anderen Gut genutzt werden kann.

Tragen Sie die zutreffende Ziffer in das Kästchen ein! _____ ☐

Aufgabe 6

Entscheiden Sie, welche der unten stehenden Aussagen auf Komplementärgüter zutrifft!

Komplementärgüter sind Güter, die

① immer in großen Mengen nachgefragt werden.

② nur zum gleichen Preis angeboten werden.

③ immer in großen Mengen hergestellt werden.

④ nur in Verbindung mit anderen Gütern genutzt werden können.

Tragen Sie die zutreffende Ziffer in das Kästchen ein! _____ ☐

Aufgabe 7

Ordnen Sie den unten stehenden Güterbeschreibungen die folgenden Güterarten zu, indem Sie die Ziffer der jeweiligen Güterart in die Kästchen hinter den Gütern eintragen!

① Produktionsgut als Gebrauchsgut   ③ Konsumgut als Gebrauchsgut

② Produktionsgut als Verbrauchsgut   ④ Konsumgut als Verbrauchsgut

a) Kroketten bei einem Familienessen _____ ☐

b) Werkzeug eines Schusters _____ ☐

c) Kleidung in einer Familie _____ ☐

d) Maschinen in einem Unternehmen _____ ☐

e) Waschmaschine für eine Familie _____ ☐

f) Dieselkraftstoff in einer Spedition _____ ☐

g) Butter in einem Haushalt _____ ☐

h) Strom im Lagermeisterbüro _____ ☐

Aufgabe 8

Ordnen Sie den unten stehenden Güterbeschreibungen die folgenden Güterarten zu, indem Sie die Ziffer in die Kästchen hinter den Gütern eintragen!

① Produktionsgut als Recht   ③ Konsumgut als Recht

② Produktionsgut als Dienstleistung   ④ Konsumgut als Dienstleistung

a) Opernbesuch einer Familie _____ ☐

b) Nutzung einer Mietwohnung _____ ☐

c) Patent zur Herstellung eines Impfstoffes _____ ☐

d) Steuerberatung einer Spedition _____ ☐

Aufgabe 9

Entscheiden Sie, ob in den unten stehenden Aussagen jeweils

① das Minimalprinzip

② das Maximalprinzip

⑨ keine Form des ökonomischen Prinzips

angesprochen ist!

Tragen Sie die jeweilige Ziffer in die Kästchen hinter den Aussagen ein!

a) Ein Sportler möchte mit möglichst wenig Training das bestmögliche Ergebnis erzielen. _____ ☐

b) Eine Auszubildende möchte für 110,00 € die schönste Jeanshose erwerben. _____ ☐

c) Ein Schüler möchte ein ganz bestimmtes Handy so kostengünstig wie möglich erwerben. _____ ☐

d) Ein Betrieb möchte mit den gegebenen Mitarbeitern den größtmöglichen Gewinn erzielen. _____ ☐

Aufgabe 10

Entscheiden Sie, welche der nebenstehenden Begriffe im folgenden Schaubild jeweils abgebildet sind!

Tragen Sie hierzu die Ziffern aus dem Schaubild in die Kästchen hinter den Begriffen ein!

a) Konsumentenrente _____ ☐

b) Gleichgewichtspreis _____ ☐

c) Nachfrageüberschuss _____ ☐

d) Gleichgewichtsmenge _____ ☐

e) Angebotsüberschuss _____ ☐

f) Produzentenrente _____ ☐

g) Angebotskurve _____ ☐

h) Mengenachse _____ ☐

i) Nachfragekurve _____ ☐

j) Preisachse _____ ☐

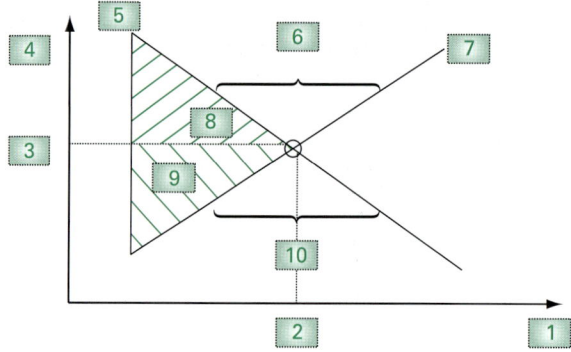

Aufgabe 11

Entscheiden Sie, ob die folgenden Aussagen zur Preisbildung

① = richtig oder

⑨ = falsch

sind!

Tragen Sie die entsprechenden Ziffern in die Kästchen hinter den Aussagen ein!

a) Die Konsumentenrente liegt oberhalb des Gleichgewichtspreises. _____ ☐

b) Mit steigendem Preis steigt die Nachfrage nach einem Gut. _____ ☐

c) Zum Gleichgewichtspreis gibt es keinen Angebotsüberschuss. _____ ☐

d) Mit steigendem Preis steigt die angebotene Menge eines Gutes. _____ ☐

e) Die Produzentenrente liegt oberhalb des Gleichgewichtspreises. _____ ☐

f) Zum Gleichgewichtspreis gibt es keinen Nachfrageüberschuss. _____ ☐

6.2 Märkte

KOMPAKTWISSEN

6.2.1 Marktbegriff

Was versteht man unter einem Markt?
Ein Markt ist ein Ort, wo Angebot und Nachfrage aufeinandertreffen.

6.2.2 Marktarten

Welche Marktarten werden unterschieden?

Gütermärkte
Sach- und Dienstleistungen

Produktionsfaktormärkte
➤ Arbeit (Arbeitsmarkt)
➤ Boden (Immobilienmarkt)
➤ Kapital (Finanzmarkt)

Offene Märkte
freier Marktzugang

Geschlossene Märkte
ausgewählte Teilnehmer

Beschränkte Märkte
mit Zutrittsbeschränkung

Organisierte Märkte
zeitlich und örtlich gebunden
und nach festen Regeln
(z. B. Auktion)

Nicht organisierte Märkte
zeitlich und örtlich ungebun-
den (z. B. Internethandel)

6.2.3 Marktformen

Welche Marktformen werden unterschieden?			
		Zahl der Anbieter	
	einer	**wenige**	**viele**
Zahl der Nachfrager / **einer**	**zweiseitiges Monopol** (z. B. Einzelteile für eine Produktionsmaschine)	**beschränktes Nachfragemonopol** (z. B. Militärkleidung)	**Nachfragemonopol** (z. B. staatliche Bauaufträge)
wenige	**beschränktes Angebotsmonopol** (z. B. medizinische Spezialgeräte)	**zweiseitiges Oligopol** (z. B. Flugzeuge)	**Nachfrageoligopol** (z. B. Obst für Saftfabriken)
viele	**Angebotsmonopol** (z. B. kommunale Müllabfuhr)	**Angebotsoligopol** (z. B. Benzin)	**Polypol** (z. B. Bücher)

Polypol	Angebotsoligopol	Angebotsmonopol
➤ viele Anbieter und viele Nachfrager ➤ wegen hoher Konkurrenz haben Anbieter und Nachfrager keine Marktmacht und können die Preise nicht beeinflussen ➤ die Anbieter steuern ihre Bedürfnisse über die angebotene Menge ➤ die Nachfrager steuern ihre Bedürfnisse über die nachgefragte Menge	➤ wenige Anbieter und viele Nachfrager ➤ die Anbieter haben die Marktmacht und können das Marktverhalten beeinflussen ➤ die wenigen Oligopolisten beobachten sich gegenseitig genau und es herrscht starker Wettbewerb ➤ bei Preisänderungen muss ein Oligopolist nicht nur mit Reaktionen der Nachfrager, sondern auch der Mitbewerber rechnen	➤ ein Anbieter und viele Nachfrager ➤ der einzelne Anbieter ist ohne Konkurrenz ➤ der Anbieter achtet darauf, alleiniger Anbieter am Markt zu bleiben ➤ der Anbieter darf den Preis nicht zu hoch ansetzen, weil die nachgefragte Menge sonst sinkt und die Nachfrager auf Ersatzprodukte umsteigen

PRÜFUNGSTRAINING

Aufgabe 1

Entscheiden Sie, welche der unten stehenden Marktformen in Deutschland auf den Markt für Mineralöl zutrifft!

① Nachfragemonopol

② Polypol

③ Nachfrageoligopol

④ Angebotsoligopol

⑤ Angebotsmonopol

Tragen Sie die zutreffende Ziffer in das Kästchen ein! _____ ☐

Aufgabe 2

Entscheiden Sie, ob die folgenden Aussagen zu den Marktformen

① = richtig oder

⑨ = falsch

sind!

Tragen Sie die entsprechende Ziffer in die Kästchen hinter den jeweiligen Aussagen ein!

a) Ein Markt ist ein Ort, an dem Nachfrage und Angebot aufeinandertreffen. _____ ☐

b) Im Polypol steuern Nachfrager ihre Bedürfnisse über die Nachfragemenge. _____ ☐

c) Auf einem Angebotsmonopolmarkt gibt es einen Anbieter und einen Nachfrager. _____ ☐

d) Auf einem Polypolmarkt steuern Anbieter ihre Bedürfnisse über die Angebotsmenge._ ☐

e) Im Polypol treffen viele Anbieter auf viele Nachfrager. _____ ☐

f) Ein Oligopolist erwartet bei Preisänderungen keine Reaktionen der Mitbewerber. _____ ☐

g) Im Angebotsmonopol ist der Anbieter konkurrenzlos. _____ ☐

h) Im zweiseitigen Oligopol treffen viele Anbieter auf wenige Nachfrager. _____ ☐

i) Im Angebotsoligopol treffen wenige Anbieter auf viele Nachfrager. _____ ☐

Aufgabe 3

Entscheiden Sie, in welcher der folgenden Marktformen der Nachfrager die größte Marktmacht besitzt!

① Nachfrageoligopol

② Beschränktes Nachfragemonopol

③ Polypol

④ Angebotsoligopol

Tragen Sie die zutreffende Ziffer in das Kästchen ein! _____ ☐

Aufgabe 4

Entscheiden Sie, in welcher der folgenden Marktformen der Anbieter die größte Marktmacht besitzt!

① Nachfrageoligopol

② Nachfragemonopol

③ Polypol

④ Angebotsoligopol

Tragen Sie die zutreffende Ziffer in das Kästchen ein! _____ ☐

Aufgabe 5

Ordnen Sie den unten stehenden Fällen folgende Marktformen zu!

① beschränktes Angebotsmonopol   ⑤ Angebotsoligopol

② beschränktes Nachfragemonopol   ⑥ Nachfragemonopol

③ Angebotsmonopol   ⑦ Nachfrageoligopol

④ Zweiseitiges Oligopol   ⑧ Polypol

Tragen Sie die entsprechende Ziffer in die Kästchen hinter den jeweiligen Aussagen ein!

a) Wenige Flugzeughersteller bieten wenigen Airlines ihre Flugzeuge an. _____ ☐

b) Der Staat vergibt an viele Unternehmen Bauaufträge. _____ ☐

c) Ein einziger Abfallwirtschaftsdienst versorgt die vielen Haushalte einer Gemeinde. ____ ☐

d) Ein Hersteller von medizinischen Spezialgeräten beliefert wenige Universitätskliniken. _ ☐

e) Viele Bauern liefern ihr Obst an wenige Saftfabriken. _____ ☐

f) Wenige Gesellschaften liefern Mineralöl an viele Tankstellen. _____ ☐

g) Wenige Hersteller von Militärbekleidung beliefern die Bundeswehr. _____ ☐

h) Viele Buchhandlungen verkaufen ihre Bücher an viele Leser. _____ ☐

6.3 Produktionsfaktoren

KOMPAKTWISSEN

6.3.1 Begriffsklärung

Was versteht man unter Produktionsfaktoren?

➤ Als Produktionsfaktoren bezeichnet man alle materiellen und immateriellen Güter, die zur **Herstellung** anderer wirtschaftlicher Güter eingesetzt werden.

➤ Es werden Produktionsfaktoren der Betriebswirtschaft (Einzelwirtschaft) und Volkswirtschaft (Gesamtwirtschaft) unterschieden.

6.3.2 Produktionsfaktoren der Betriebswirtschaft

Welche betriebswirtschaftlichen Produktionsfaktoren werden unterschieden?

Arbeit	Betriebsmittel	Werkstoffe	Rechte
➤ **leitende** (dispositive) **Arbeit** (z. B. Geschäftsführung) ➤ **ausführende** (exekutive) **Arbeit** (z. B. kommissionieren)	➤ **Gebäude** (z. B. ein Lager) ➤ **Maschinen** (z. B. ein Schweißgerät) ➤ **Werkzeuge** (z. B. eine Zange)	➤ **Rohstoffe** (z. B. Holz) ➤ **Hilfsstoffe** (z. B. Schrauben) ➤ **Betriebsstoffe** (z. B. Strom)	➤ **Lizenzen** (z. B. die Erlaubnis zur Produktion) ➤ **Mietverträge** (z. B. die Erlaubnis zur Nutzung eines Gebäudes)

6.3.3 Produktionsfaktoren der Volkswirtschaft

Welche volkswirtschaftlichen Produktionsfaktoren werden unterschieden?

Arbeit	Boden	Kapital
➤ **Art der Tätigkeit** – körperliche Tätigkeit (z. B. der Hausbau) – geistige Arbeit (z. B. das Bücherschreiben) ➤ **Funktion** – leitende (dispositive) Arbeit (z. B. die Abteilungsleitung) – ausführende (exekutive) Arbeit (z. B. das Kommissionieren) ➤ **Führung** – selbstständige Arbeit (z. B. als Unternehmer) – unselbstständige Arbeit (z. B. als Angestellter) ➤ **Ausbildung** – gelernte Arbeit (z. B. eine Fachkraft für Lagerlogistik) – ungelernte Arbeit (z. B. eine Hilfstätigkeit ohne Berufsabschluss)	➤ **Abbau** von Rohstoffen (z. B. Holz) ➤ **Anbau** (z. B. von Mais in der Land- und Forstwirtschaft) ➤ **Standort** für Unternehmen (z. B. Industriegebiet in Köln)	bereits hergestellte und zur weiteren Produktion benötigte Mittel (z.B. Gebäude, Maschinen, Halbfabrikate)

PRÜFUNGSTRAINING

Aufgabe 1

Entscheiden Sie, welche der folgenden volkswirtschaftlichen Produktionsfaktoren in den unten stehenden Fällen schwerpunktmäßig jeweils angesprochen werden!

Tragen Sie die zutreffende Ziffer in die Kästchen hinter den Fällen ein!

① Arbeit

② Boden

③ Kapital

a) Ein Schreiner spezialisiert sich auf das Restaurieren antiker Möbel._____ ☐

b) Ein Buchverlag kauft eine neue Druckmaschine. _____ ☐

c) Ein Handelsunternehmen eröffnet einen zusätzlichen Standort in Köln. _____ ☐

d) Die Spedition Merkur stellt einen neuen Bereichsleiter ein. _____ ☐

e) Der Fischereibetrieb „Niels Nielsen e. K." ist seit 3 Generationen ein Familienbetrieb.___ ☐

Aufgabe 2

Entscheiden Sie, welche der folgenden betriebswirtschaftlichen Produktionsfaktoren in den unten stehenden Beschreibungen schwerpunktmäßig jeweils angesprochen werden!

Tragen Sie die zutreffende Ziffer in die Kästchen hinter den Fällen ein!

① leitende Arbeit
② ausführende Arbeit
③ Rohstoffe
④ Hilfsstoffe
⑤ Betriebsstoffe
⑥ Betriebsmittel
⑦ Rechte

a) Grundstück mit einer Niederlassung_____ ☐

b) Kündigung des Mietvertrags für ein Verkaufsbüro _____ ☐

c) Nieten zur Produktion einer Jeanshose _____ ☐

d) Geschäftsführung einer Gesellschaft mit beschränkter Haftung (GmbH)_____ ☐

e) Schweißgerät in einem Handwerksbetrieb _____ ☐

f) Holz zur Herstellung eines Schreibtisches_____ ☐

g) Schweißen eines Auspuffrohres auf Anweisung des Kfz-Meisters _____ ☐

h) Strom zur Beleuchtung einer Werkshalle_____ ☐

i) Erwerb einer Lizenz für ein bestimmtes Produktionsverfahren _____ ☐

j) Leitung der Teambesprechung im Wareneingang_____ ☐

k) Öl zum Betrieb einer Verpackungsmaschine_____ ☐

Aufgabe 3

Entscheiden Sie, bei welchem der unten stehenden Sachverhalte es sich um einen Austausch betriebswirtschaftlicher Produktionsfaktoren handelt!

① Eine Spedition erweitert ihren Fuhrpark um einen 7,5-t-Lkw.

② Eine Motorenfabrik stellt für eine Sonderschicht zusätzlich benötigtes Personal bereit.

③ Ein Industriebetrieb beschafft eine leistungsfähigere DV-Anlage, wodurch in der Buchhaltung zwei Mitarbeiter eingespart werden.

Tragen Sie die Ziffer des zutreffenden Sachverhalts in das Kästchen ein!_____ ☐

Aufgabe 4

Entscheiden Sie, ob die folgenden Aussagen zu den betriebs- und volkswirtschaftlichen Produktionsfaktoren

① = richtig oder
⑨ = falsch

sind!

a) Arbeit bezeichnet leitende und ausführende Tätigkeiten gegen Entgelt. _____ ☐

b) Je nach Funktion werden selbstständige und unselbstständige Arbeit unterschieden. __ ☐

c) Boden ist ein Produktionsfaktor der Betriebswirtschaft._____ ☐

d) Gebäude, Maschinen und Werkzeuge sind Betriebsmittel. _____ ☐

e)   Lizenzen und Verträge sind Rechte aus der Betriebswirtschaft. _____ ☐

f)   Je nach Art der Tätigkeit werden gelernte und ungelernte Arbeit unterschieden. _____ ☐

g)   Kapital ist ein Produktionsfaktor der Volkswirtschaft. _____ ☐

h)   Rohstoffe, Hilfsstoffe und Betriebsmittel bezeichnet man als Werkstoffe. _____ ☐

i)   Boden ist ein Produktionsfaktor und dient als Standort für die Produktion. _____ ☐

Tragen Sie die entsprechende Ziffer in die Kästchen hinter den jeweiligen Aussagen ein!

Aufgabe 5

Ein Schreiner kann 8 Esszimmertische durch folgende Kombinationen der Produktionsfaktoren Arbeit und Kapital herstellen, wobei eine Arbeitsstunde 50,00 € und eine Kapitaleinheit 30,00 € kosten.

Entscheiden Sie, welche der folgenden Faktorkombinationen Arbeit zu Kapital für den Schreiner die kostengünstigste ist!

	Arbeit (in Stunden)	Kapital (in Geldeinheiten)
①	4	34
②	8	28
③	13	15
④	22	5

Tragen Sie die Ziffer der günstigsten Faktorkombination in das Kästchen ein! _____ ☐

6.4 Arbeitsteilung und Globalisierung

KOMPAKTWISSEN

6.4.1 Entstehung der Arbeitsteilung

Wie ist die Arbeitsteilung entstanden?

➤ Früher haben die Menschen die Güter, die sie zum Leben benötigten, selbst hergestellt.

➤ Im Laufe der Jahre hat sich herausgestellt, dass es wirtschaftlicher ist, wenn die Güter zentral in Unternehmen produziert werden.

➤ Arbeitsteilung entsteht, weil sich Unternehmen immer weiter spezialisieren und auf einzelne Arbeitsprozesse konzentrieren.

6.4.2 Formen der Arbeitsteilung

Welche Formen der Arbeitsteilung werden unterschieden?

Berufliche Arbeitsteilung

Berufsbildung

Spezialisierung auf unterschiedliche berufliche Tätigkeiten

Beispiel:
Der Beruf der Schneiderin entsteht durch die Spezialisierung einer Handarbeiterin.

Berufsspaltung

Spezialisierung in unterschiedlichen Berufszweigen

Beispiel:
Der Berufszweig des Großhandelskaufmanns entsteht durch die Spezialisierung eines Kaufmanns.

Betriebliche Arbeitsteilung

Abteilungsbildung

Spezialisierung auf einzelne Arbeitsbereiche in Betrieben

Beispiel:
Im Vertrieb arbeiten Mitarbeiter, die sich als Verkäufer spezialisiert haben.

Arbeitszerlegung

Spezialisierung auf einzelne Schritte im Arbeitsablauf

Beispiel:
Bei der Computerherstellung baut ein Mitarbeiter am Fließband Lüftungen ein.

Volkswirtschaftliche Arbeitsteilung

Urerzeugung (primärer Sektor)

Betriebe spezialisieren sich auf die Gewinnung von Rohstoffen

Beispiel:
Ein Forstwirt spezialisiert sich auf die Jagd.

Weiterverarbeitung (sekundärer Sektor)

Betriebe spezialisieren sich auf die Weiterverarbeitung von Rohstoffen

Beispiel:
Ein Metzger verarbeitet Fleisch zu Wurst.

Handel und Dienstleistungen (tertiärer Sektor)

Betriebe spezialisieren sich auf den Handel und bieten Dienstleistungen an

Beispiel:
Ein Metzger betreibt auch einen Partyservice.

Internationale Arbeitsteilung

Länder spezialisieren sich auf die Herstellung von Gütern und betreiben mit ihnen weltweiten Handel

Beispiel:
Einige Staaten spezialisieren sich auf die Herstellung von Kleidung.

6.4.3 Folgen der Arbeitsteilung

Welche positiven und welche negativen Folgen hat Arbeitsteilung?

Positiv	Negativ
➤ Produkte werden vielfältiger	➤ Märkte werden unübersichtlicher
➤ Herstellung wird preisgünstiger	➤ Arbeiten werden monotoner
➤ Maschinenauslastung wird besser	➤ Arbeitsmotivation sinkt
➤ Arbeitsproduktivität steigt	➤ Gefahr der Arbeitslosigkeit steigt
➤ Staaten wachsen kulturell zusammen	➤ Abhängigkeit von Staaten wächst

6.4.4 Globalisierung

Was versteht man unter Globalisierung?
➤ Globalisierung bezeichnet den Prozess der zunehmenden Verflechtung und Intensivierung der grenzüberschreitenden Transaktionen zwischen den Individuen, Unternehmen und Staaten auf dieser Welt.
➤ Globalisierung wird z. B. gefördert durch die internationale Arbeitsteilung, die neuen Medien, geringere Transportkosten und höhere Transportgeschwindigkeiten, Welthandel, Deregulierungen von Märkten etc.

6.4.5 Ebenen der Globalisierung

Auf welchen Ebenen findet Globalisierung statt?	
Ebenen	**Konsequenzen**
Wirtschaft	Der Handel zwischen den Ländern auf der Erde hat stark zugenommen.
Politik	Die Politik der einzelnen Nationen wirkt sich verstärkt auch auf andere Nationen aus. Umgekehrt müssen die Nationen ihre Politik stärker mit anderen abstimmen (EU, G20 u. a.).
Umwelt	Probleme wie die Erwärmung der Erdatmosphäre betreffen sämtliche Länder auf der Welt.
Kultur	Regionale Kulturen werden bekannter und wecken weltweit Interesse.
Gesellschaft	Durch Chat, E-Mail etc. entstehen neue Kommunikationsformen und soziale Gruppen in den Gesellschaften.

6.4.6 Folgen der Globalisierung

Welche positiven und negativen Folgen hat Globalisierung?	
Positiv	**Negativ**
➤ Technischer Fortschritt wächst ➤ Probleme können gemeinsam gelöst werden ➤ Know-how kann ausgetauscht werden	➤ Umweltzerstörung ➤ Schere zwischen Armen und Reichen wächst ➤ Ungerechte Einkommensverteilung ➤ Neue Machtverhältnisse

PRÜFUNGSTRAINING

Aufgabe 1

Entscheiden Sie bei den unten stehenden Aussagen, auf welche der folgenden Arten der Arbeitsteilung sie sich jeweils beziehen!

① Berufliche Arbeitsteilung

② Betriebliche Arbeitsteilung

③ Volkswirtschaftliche Arbeitsteilung

④ Internationale Arbeitsteilung

Tragen Sie die Ziffer vor der jeweils zutreffenden Art der Arbeitsteilung in die Kästchen hinter den jeweiligen Aussagen ein!

a)   Mitarbeiter spezialisieren sich auf unterschiedliche berufliche Tätigkeiten. _____ ☐

b)   Arbeitsteilung, die über die Volkswirtschaft eines Landes hinausgeht. _____ ☐

c)   Betriebe spezialisieren sich im sekundären Sektor. _____ ☐

d)   Mitarbeiter spezialisieren sich auf einzelne Arbeitsbereiche in Betrieben. _____ ☐

e)   Menschen spezialisieren sich in unterschiedlichen Berufszweigen. _____ ☐

f)   Betriebe spezialisieren sich auf den Handel und bieten Dienstleistungen an. _____ ☐

g)   Es findet eine Spezialisierung auf einzelne Arbeitsschritte statt. _____ ☐

h)   Länder spezialisieren sich auf die Herstellung von bestimmten Gütern. _____ ☐

Aufgabe 2

Ordnen Sie die folgenden Wirtschaftsbereiche den unten stehenden Unternehmen zu!

① Urproduktion (primärer Sektor)

② Weiterverarbeitung (sekundärer Sektor)

③ Handel (tertiärer Sektor)

④ Dienstleistung (tertiärer Sektor)

Tragen Sie die Ziffer des jeweils zutreffenden Wirtschaftsbereiches in das Kästchen hinter dem Unternehmen ein!

a)   Forellenzucht _____ ☐   e)   Schuhgeschäft _____ ☐

b)   Theater _____ ☐   f)   Baumschule _____ ☐

c)   Supermarkt _____ ☐   g)   Versicherung _____ ☐

d)   Druckerei _____ ☐   h)   Fahrradhersteller _____ ☐

Aufgabe 3

Die Länder A und B produzieren und verkaufen in einer Periode jeweils 2 000 Jeanshosen und 3 000 Liter Rotwein.

Für die Produktion benötigen die Länder folgende Arbeitszeit in Stunden:

	Arbeitsstunden pro Jeanshose	Arbeitsstunden pro Liter Rotwein
Land A	1,5	0,25
Land B	1	1,75

a) Ermitteln Sie die gesamten Arbeitsstunden, die zur Herstellung

    aa) in Land A benötigt werden,

    ab) in Land B benötigt werden!

b) Stellen Sie sich vor, jedes Land spezialisiert sich auf die Herstellung des Gutes, das es von beiden Gütern vergleichsweise am billigsten herstellen kann, und produziert den Gesamtbedarf für beide Länder.

    Ermitteln Sie die gesamten Arbeitsstunden, die

    ba) dafür in Land A benötigt werden,

    bb) dadurch in Land A insgesamt eingespart werden,

    bc) dafür in Land B benötigt werden,

    bd) dadurch in Land B insgesamt eingespart werden!

Aufgabe 4

Entscheiden Sie, ob die folgenden Aussagen zu den Folgen der Arbeitsteilung

① = richtig oder

⑨ = falsch

sind!

Tragen Sie die entsprechende Ziffer in die Kästchen hinter den jeweiligen Aussagen ein!

Eine Konsequenz der Arbeitsteilung ist, dass die

a) Staaten der Welt enger zusammengewachsen sind. _____ ☐

b) Produktvielfalt nachgelassen hat. _____ ☐

c) Arbeitsproduktivität gesunken ist. _____ ☐

d) Gefahr der Arbeitslosigkeit gestiegen ist. _____ ☐

e) Marktübersicht zugenommen hat. _____ ☐

f) Güter preisgünstiger hergestellt werden können. _____ ☐

g) Tätigkeiten monotoner geworden sind. _____ ☐

h) Maschinenauslastung gesunken ist. _____ ☐

Aufgabe 5

Ordnen Sie die folgenden Ebenen der Globalisierung den unten stehenden Konsequenzen zu!

① = Umwelt

② = Wirtschaft

③ = Kultur

④ = Gesellschaft

⑤ = Politik

Tragen Sie die Ziffer der jeweils zutreffenden Ebene in das Kästchen hinter der Konsequenz ein!

a) Entscheidungen deutscher Politiker müssen stärker mit anderen Nationen abgestimmt werden. _____ ☐

b) Der Welthandel nimmt stark zu. _____ ☐

c) Der Bekanntheitsgrad der verschiedenen Kulturen steigt. _____ ☐

d) Sämtliche Länder sind von Umweltproblemen betroffen. _____ ☐

e) Die Kommunikation zwischen sozialen Gruppen steigt. _____ ☐

6.5 Zahlungsverkehr

KOMPAKTWISSEN

6.5.1 Geldarten

Welche Geldarten werden unterschieden?

Bargeld
- ➤ Münzen als Hartgeld
- ➤ Banknoten als Scheine
- ➤ Bargeld wird bei Einzahlung auf ein Konto zu Buchgeld

Buchgeld
- ➤ Sichtguthaben auf Konten
- ➤ Sichtguthaben wird bei Auszahlung zu Bargeld

6.5.2 Zahlungsarten

Welche Zahlungsarten werden unterschieden?			
		Schuldner hat	
		ein Konto	**kein Konto**
Gläubiger hat	**ein Konto**	**bargeldlose Zahlung** ➤ Überweisung ➤ Kartenzahlung ➤ SEPA-Lastschriftverfahren ➤ Homebanking ➤ Scheck	**halbbare Zahlung** ➤ Zahlschein
	kein Konto	**halbbare Zahlung** ➤ Barscheck	**Barzahlung** ➤ persönliche Übergabe ➤ Übergabe durch Boten ➤ Postbank Minuten Service

Barzahlung

Übergabe
- ➤ Der Schuldner übergibt das Bargeld persönlich.
- ➤ Der Schuldner beauftragt einen Boten.

Postbank Minuten Service
- ➤ Der Schuldner zahlt das Bargeld bei der Post ein und erhält eine Nummer.
- ➤ Der Gläubiger kann sich das Bargeld bei Partnern in über 200 Ländern mit der Nummer auszahlen lassen.

Halbbare Zahlung

Zahlschein
- ➤ Der Schuldner zahlt das Bargeld bei der Bank ein.
- ➤ Der Gläubiger erhält dieses Geld als Gutschrift auf seinem Konto.

Barscheck
- ➤ Der Schuldner übergibt dem Gläubiger den Barscheck.
- ➤ Die Bank zahlt dem Gläubiger den Betrag gegen Vorlage bar aus.
- ➤ Die Bank belastet das Konto des Schuldners.

Bargeldlose Zahlung

Überweisung

SEPA-Lastschriftverfahren

Verrechnungs-scheck

Einzel-auftrag

Ein Schuldner beauftragt seine Bank mit der einmaligen Überweisung eines Betrags.

Dauer-auftrag

Ein Schuldner beauftragt seine Bank, den gleichen Betrag zu gleichen Terminen an den gleichen Gläubiger zu überweisen.

SEPA-Basis-lastschrift-verfahren

➤ Dieses Verfahren ist zwischen Geschäftskunden und Endverbrauchern möglich.

➤ Es ersetzt das Einzugsermächtigungsverfahren.

➤ Ein Schuldner erteilt seiner Bank und einem Gläubiger ein schriftliches SEPA-Lastschriftmandat, von seinem Konto wechselnde Beträge einzuziehen.

➤ Das Geld kann innerhalb von 8 Wochen zurückgefordert werden.

SEPA-Firmen-lastschrift-verfahren

➤ Dieses Verfahren ist nur zwischen Geschäftskunden möglich.

➤ Es ersetzt das Abbuchungsauftragsverfahren.

➤ Eine Firma erteilt ihrer Bank und einer anderen Firma ein schriftliches SEPA-Lastschriftmandat, wechselnde Beträge vom Firmenkonto einzuziehen.

➤ Das Geld kann nicht zurückgefordert werden.

➤ Der Schuldner übergibt den Scheck an den Gläubiger.

➤ Der Gläubiger reicht den Scheck bei seiner Bank ein.

➤ Der Betrag wird auf dem **Konto** des Gläubigers gutgeschrieben.

➤ Die Bank belastet das Konto des Schuldners.

Was versteht man unter dem SEPA-Standard?

➤ Seit dem 1. August 2014 werden Überweisungen und Lastschriften in den EU-Staaten sowie in Island, Liechtenstein, Monaco, Norwegen und in der Schweiz nach dem **SEPA-Standard** abgewickelt.

➤ **SEPA** bedeutet **S**ingle **E**uro **P**ayments **A**rea und bezeichnet den einheitlichen Zahlungsverkehrsraum für Transaktionen in Euro.

➤ Verbraucher müssen bei Überweisungen und Lastschriften die **internationale Bankkontonummer (IBAN)** angeben **(SEPA-Überweisung)**.

8 Hummel u.a.-ISBN 978-3-8120-0598-2

Kartenzahlung

EC-Karte („girocard")

- Ausdruck von Konto-auszügen.
- Abheben von Bargeld mit einer persönlichen Identifikationsnummer (PIN).
- Bezahlen mit einer PIN (POS-Verfahren).
- Bezahlen durch Unter-schrift (elektronisches Lastschriftverfahren).

Geldkarte

- Für kleinere Beträge an Automaten.
- Die Geldkarte muss aufgela-den werden.
- Auch „elek-tronische Geldbörse" genannt.

Kreditkarte

- Bezahlen mit Unterschrift auf der Rechnung.
- Abheben von Bargeld mit PIN.
- Zusätzliche Leistungen wie Versi-cherungen.
- Belastung erfolgt am Ende jeden Monats.
- Abrechnung von Banken in Zu-sammenarbeit mit Organisatio-nen (z. B. MasterCard oder Visa) oder direkt von Zahlstellen (z. B. Diners oder American Express).

Homebanking

Internetbanking

- Die Bank schaltet das Konto frei.
- Der Kunde erhält eine PIN zur Anmeldung.
- Der Kunde muss vor jeder Transaktion eine Transaktionsnummer (TAN) eingeben.

Telefonbanking

- Der Kunde nennt dem Mitarbeiter der Bank am Telefon ein Kennwort.
- Der Mitarbeiter handelt dann auf Anweisung.

PRÜFUNGSTRAINING

Aufgabe 1

Ordnen Sie folgende Zahlungsarten unten stehenden Zahlungsmitteln zu!

① Barzahlung

② Halbbare Zahlung

③ Bargeldlose Zahlung

Tragen Sie die Ziffer vor der jeweils zutreffenden Zahlungsart in die Kästchen hinter den jeweiligen Zahlungsmitteln ein!

a) Verrechnungsscheck _____ ☐

b) Kreditkarte _____ ☐

c) Zahlschein _____ ☐

d) SEPA-Firmenlastschriftverfahren _____ ☐

e) SEPA-Überweisung _____ ☐

f) Elektronisches Lastschriftverfahren _____ ☐

g) Minuten Service _____ ☐

h) POS-Verfahren _____ ☐

i) SEPA-Basislastschriftverfahren _____ ☐

j) Internetbanking _____ ☐

k) Dauerauftrag_____ ☐

l) Barscheck _____ ☐

m) SEPA-Lastschriftverfahren_____ ☐

n) Telefonbanking_____ ☐

o) Geldkarte_____ ☐

p) Barzahlung _____ ☐

Aufgabe 2

Ordnen Sie die folgenden Zahlungsmittel den unten stehenden Aussagen zu!

① SEPA-Basislastschriftverfahren
② Barzahlung
③ Dauerauftrag
④ Zahlschein
⑤ SEPA-Überweisung
⑥ SEPA-Firmenlastschriftverfahren
⑦ Barscheck

⑧ Internetbanking
⑨ Kreditkarte
⑩ Verrechnungsscheck
⑪ POS-Kartenzahlung
⑫ Geldkarte
⑬ Telefonbanking
⑭ Elektronisches Lastschriftverfahren

Tragen Sie die Ziffer vor dem jeweils zutreffenden Zahlungsmittel in die Kästchen hinter den Aussagen ein!

a) Ein Schuldner beauftragt einen Geldboten mit der Übergabe des Bargeldes. _____ ☐

b) Ein Schuldner kann den Betrag innerhalb von 8 Wochen zurückfordern. _____ ☐

c) Ein Geldbetrag wird einmalig von einem Konto durch Eingabe einer IBAN
auf ein anderes Konto übertragen. _____ ☐

d) Ein Schuldner zahlt den Geldbetrag bei seiner Bank zur Überweisung bar ein. _____ ☐

e) Ein bereits abgebuchter Betrag kann nicht mehr zurückgefordert werden._____ ☐

f) Ein gleicher Betrag wird monatlich an einen bestimmten Gläubiger überwiesen._____ ☐

g) Gegen Vorlage bei der Bank erhält der Besitzer den Betrag in bar ausgezahlt._____ ☐

h) Dieses Zahlungsmittel wird auch als elektronische Geldbörse bezeichnet._____ ☐

i) Diese Karte bietet Zusatzleistungen wie eine Unfall- oder Gepäckversicherung. _____ ☐

j) Gegen Vorlage wird dem Besitzer der Betrag auf seinem Konto gutgeschrieben._____ ☐

k) Der Kunde bezahlt an einer elektronischen Kasse durch Eingabe seiner PIN._____ ☐

l) Der Kunde muss vor einer Transaktion eine TAN eingeben. _____ ☐

m) Der Kunde bezahlt an einer elektronischen Kasse mit seiner Unterschrift. _____ ☐

n) Der Kunde veranlasst eine Transaktion während eines Telefonats
mit dem Bankmitarbeiter. _____ ☐

Aufgabe 3

Entscheiden Sie, mit welchem der folgenden Zahlungsverfahren die Spedition Merkur die unten stehenden Zahlungsaufträge am sichersten und kostengünstigsten begleichen kann!

① SEPA-Lastschriftverfahren
② Bargeld
③ Dauerauftrag

④ Überweisung
⑤ Barscheck

Tragen Sie die Ziffer des entsprechenden Zahlungsverfahrens in das Kästchen hinter dem jeweiligen Zahlungsauftrag ein!

a)   Am Monatsende sollen die Gehälter überwiesen werden. _____ ☐

b)   In der Mittagspause wird ein Pizzalieferant bezahlt. _____ ☐

c)   Die Abrechnung für eine Kreditkarte wird am Ende jeden Monats bezahlt. _____ ☐

d)   Die Miete für eine Garage wird monatlich bezahlt. _____ ☐

e)   Die Rechnung eines Lieferanten wird unter Abzug von Skonto beglichen. _____ ☐

f)   Eine Aushilfe ohne ein eigenes Konto erhält ihren Lohn in Form eines Schecks. _____ ☐

Aufgabe 4

Entscheiden Sie, welches der folgenden Verfahren die Spedition Merkur in den unten stehenden Fällen zur Zahlung jeweils gewählt hat!

① Dauerauftrag

② Überweisung

③ SEPA-Firmenlastschriftverfahren

④ Barscheck

Tragen Sie die Ziffer des entsprechenden Verfahrens in das Kästchen hinter die jeweilige Zahlung ein!

Die Spedition Merkur beauftragt ihre Bank,

a)   an einen Lieferanten einen fälligen Rechnungsbetrag zu übertragen. _____ ☐

b)   die monatlichen Stromkosten abzubuchen. _____ ☐

c)   einen Betrag an den Überbringer eines Schecks in bar auszuzahlen. _____ ☐

d)   monatlich einen gleichbleibenden Mitgliedsbeitrag zu überweisen. _____ ☐

Aufgabe 5

Entscheiden Sie, bei welchen der unten stehenden Zahlungsvorgängen

① benötigen weder der Schuldner noch der Gläubiger ein Konto,

② benötigt der Schuldner kein Konto, aber der Gläubiger ein Konto,

③ benötigt der Schuldner ein Konto, aber der Gläubiger kein Konto,

④ benötigen der Schuldner und der Gläubiger ein Konto!

Tragen Sie die korrekte Ziffer in das Kästchen hinter dem jeweiligen Zahlungsvorgang ein!

a)   Gehälter werden auf die Girokonten der Arbeitnehmer überwiesen. _____ ☐

b)   Briefmarken werden aus der Portokasse bezahlt. _____ ☐

c)   Telefonkosten werden durch Überweisung beglichen. _____ ☐

d)   Ein Kunde begleicht eine Rechung durch Einzahlung auf das Firmenkonto
     mit einem Zahlschein. _____ ☐

e)   Ein Mitarbeiter erhält am Monatsende einen Verrechnungsscheck. _____ ☐

f)   Ein Schüler kauft sich mit Bargeld in der Pause ein Brötchen. _____ ☐

g)   Ein Kunde zahlt im Kaufhaus mit Karte. _____ ☐

h)   Eine Aushilfe ohne eigenes Konto erhält einen Barscheck. _____ ☐

i)   Ein Student löst ein Bahnticket mit seiner Geldkarte. _____ ☐

6.6 Weltwirtschaftliche Verflechtungen

KOMPAKTWISSEN

6.6.1 Marktwirtschaft

Was versteht man unter freier Marktwirtschaft?

- Als **freie Marktwirtschaft** bezeichnet man eine Marktform, in die der Staat nicht eingreift und in der sich jedes Wirtschaftssubjekt wirtschaftlich frei entscheiden und verhalten kann.
- Der Staat setzt nur die Rahmenbedingungen des Wirtschaftens und sichert das Privateigentum sowie die Vertrags- und Konsumfreiheit der Wirtschaftssubjekte.
- Die Bedarfe der Haushalte und die Produktionen der Unternehmen werden am Markt durch Preisbildungsprozesse gesteuert.
- Probleme entstehen durch die fehlende staatliche Lenkung in Form der mangelnden sozialen Sicherung, der ungleichen Startchancen der Wirtschaftssubjekte, der Gefahr der Machtausübung von Arbeitgebern etc.

Was versteht man unter Zentralverwaltungswirtschaft?

- In einer **Zentralverwaltungswirtschaft** werden die Bedarfe der Haushalte und die Produktionen der Unternehmen zentral vom Staat geplant und koordiniert.
- Der Staat plant die Produktionsmengen und -qualitäten der Unternehmen sowie die Nachfragemengen der Haushalte und teilt den Haushalten die produzierten Güter zu.
- Die Interessen von Anbietern und Nachfragern werden nicht über Preisbildungsprozesse am Markt, sondern vom Staat als zentrale Planungsinstanz ausgeglichen.
- Probleme entstehen aufgrund mangelnder Informationen für die zentrale Planung und Koordination sowie durch die fehlenden Anreize zu wirtschaftlichem Verhalten und durch die zentral festgelegten Preise etc.

Was versteht man unter sozialer Marktwirtschaft?

- Das System der **sozialen Marktwirtschaft** wurde nach dem Zweiten Weltkrieg von Walter Eucken und Alfred Müller-Armack entwickelt.
- In der sozialen Marktwirtschaft soll sich jedes Wirtschaftssubjekt, abgesichert durch die Kranken-, Renten-, Arbeitslosen-, Pflege- und Unfallversicherung, wirtschaftlich frei entscheiden und verhalten können.
- Um eine freiheitliche, aber soziale Wirtschaftsordnung zu verwirklichen, greift der Staat z. B. durch Maßnahmen der **Wirtschaftspolitik** und **Sozialpolitik** aktiv in das Wirtschaftsgeschehen ein.
- Probleme ergeben sich aus den fehlenden Staatseinnahmen zur Reform der sozialen Sicherungssysteme, durch die hohen Subventionszahlungen für bestimmte Wirtschaftsbereiche und die steigende Steuerlast für die Wirtschaftssubjekte etc.

6.6.2 Wirtschaftspolitik

Wie definiert man Wirtschaftspolitik?
Wirtschaftspolitik bezeichnet die Summe aller staatlicher Maßnahmen, die den Wirtschaftsprozess mit geeigneten Mitteln im Sinne einer bestimmten Zielsetzung beeinflussen sollen.

Welche drei Bereiche der Wirtschaftspolitik werden unterschieden?		
Ordnungspolitik	**Prozesspolitik**	**Strukturpolitik**
langfristige und grundlegende Rahmenbedingungen für den Wirtschaftsablauf werden festgelegt	kurzfristige und zielgerichtete Maßnahmen beeinflussen das Wirtschaftsgeschehen	volkswirtschaftliche Strukturen werden erhalten oder verändert
Beispiel: Das Gesetz gegen Wettbewerbsbeschränkungen („Kartellgesetz") verbietet Preisabsprachen zwischen Unternehmen.	**Beispiel:** Die Bundesregierung beschließt eine Erhöhung der Staatsausgaben, um die Konjunktur zu beleben.	**Beispiel:** Der Staat vergünstigt die Steuern für bestimmte Standorte, um sie attraktiver zu machen.

Was versteht man unter dem „Magischen Viereck" der Wirtschaftspolitik?
➤ Nach dem Stabilitätsgesetz aus dem Jahr 1967 sollen die wirtschaftspolitischen Maßnahmen von Bund und Ländern gleichzeitig die Ziele **Preisniveaustabilität, Vollbeschäftigung, außenwirtschaftliches Gleichgewicht** und **Wirtschaftswachstum** fördern.
➤ Da es unmöglich ist, mit einzelnen wirtschaftspolitischen Maßnahmen alle angestrebten Ziele gleichzeitig zu erreichen, spricht man vom „Magischen Viereck" der Wirtschaftspolitik.
➤ Im Laufe der Jahre sind die wirtschaftspolitischen Ziele **gerechte Einkommens- und Vermögensverteilung** und **Umweltschutz** hinzugekommen, wodurch der Begriff zum „Magischen Sechseck" erweitert wurde.

Beherrschen Sie das folgende Kompaktwissen über das Ziel „Preisniveaustabilität"?	
Preisniveaustabilität	➤ Unter **Preisniveaustabilität** versteht man, dass die Preise und somit auch die Kaufkraft des Geldes in einer Volkswirtschaft über einen längeren Zeitraum annähernd unverändert bleiben.
	➤ Nach Ansicht der Europäischen Zentralbank (EZB) gelten die Preise dann als stabil, wenn sie im Vergleich zum Vorjahr um weniger als 2 % angestiegen sind.
Messung der Preisniveauentwicklung	➤ Die Entwicklung des Preisniveaus wird gemessen, indem die gleichen 750 Waren und Dienstleistungen **(Warenkorb)** zu unterschiedlichen Zeitpunkten eingekauft und die Ausgaben miteinander verglichen werden.
	➤ Der Warenkorb entspricht den Verbrauchsgewohnheiten der privaten Haushalte und wird regelmäßig angepasst.

6 Grundlagen des Wirtschaftens

Kaufkraft des Geldes	⪢ Wenn das allgemeine Preisniveau in einer Volkswirtschaft steigt, muss man mehr Geldeinheiten ausgeben, um die gleichen Waren und Dienstleistungen zu kaufen. Das Geld hat an **Kaufkraft** verloren. ⪢ Sinkt das allgemeine Preisniveau in einer Volkswirtschaft, muss man weniger Geldeinheiten ausgeben, um die gleichen Waren und Dienstleistungen zu kaufen. Die Kaufkraft des Geldes ist gestiegen.
Inflation und Deflation	⪢ **Inflation** bezeichnet den Prozess der Preisniveausteigerungen und des sinkenden Geldwertes. ⪢ Inflation entsteht, wenn sich die im Umlauf befindliche Geldmenge im Verhältnis zur Gütermenge erhöht. ⪢ Von **Deflation** spricht man, wenn das Preisniveau sinkt und der Geldwert steigt. ⪢ Deflation entsteht, wenn sich die am Markt befindliche Geldmenge im Verhältnis zur Gütermenge verringert.
Nominal- und Realeinkommen	⪢ **Nominaleinkommen** bezeichnet das in Geldeinheiten bewertete Einkommen ohne Berücksichtigung, welche Kaufkraft die Geldeinheiten haben. ⪢ Unter **Realeinkommen** versteht man die Menge an Konsumgütern, die mit einem bestimmten Nominaleinkommen gekauft werden kann.
Geldpolitik zur Zielerreichung	⪢ **Offenmarktgeschäfte:** Um die Inflation einzudämmen, könnte die Europäische Zentralbank z. B. die im Umlauf befindliche Geldmenge durch Wertpapierverkäufe an die Banken verringern. ⪢ **Ständige Fazilitäten:** Um einer Inflation entgegenzuwirken, könnte die Europäische Zentralbank z. B. die im Umlauf befindliche Geldmenge verringern, indem sie den Banken Geld zu einem hohen Leitzinssatz zur Verfügung stellt. ⪢ **Mindestreservepolitik:** Um einer Inflation entgegenzuwirken, könnte die Europäische Zentralbank z. B. die im Umlauf befindliche Geldmenge verringern, indem sie den Banken eine hohe Mindestreserve an Geld vorschreibt.

Beherrschen Sie das folgende Kompaktwissen über das Ziel „Vollbeschäftigung"?	
Vollbeschäftigung	Bei einer **Arbeitslosenquote** von weniger als 3 % wird in Deutschland von Vollbeschäftigung gesprochen.
Definition Arbeitslosigkeit	**Arbeitslosigkeit** bezeichnet die fehlenden Beschäftigungsmöglichkeiten für diejenigen, die arbeitsfähig und arbeitsbereit sind.
Arten der Arbeitslosigkeit	⪢ **Freiwillig** arbeitslos sind arbeitsfähige, aber nicht arbeitswillige Personen. ⪢ **Unfreiwillig** arbeitslos sind arbeitsfähige und arbeitswillige Personen. ⪢ **Friktionell** arbeitslos sind diejenigen, die bei einem Arbeitsplatzwechsel vorübergehend ohne Beschäftigung sind. ⪢ **Saisonal** arbeitslos sind solche Personen, die wie z. B. in der Landwirtschaft jahreszeitbedingt nicht arbeiten.

	➤ **Konjunkturell** arbeitslos sind diejenigen, die wie z. B. Bauarbeiter aufgrund der schlechten konjunkturellen Lage keine Beschäftigung haben.
	➤ **Technologische** Arbeitslosigkeit entsteht, wenn durch den technischen Fortschritt, wie z. B. durch das Internetbanking in der Finanzberatung, Arbeitskräfte entlassen werden.
	➤ **Strukturelle** Arbeitslosigkeit entsteht durch den Wegfall von Arbeitsplätzen in bestimmten Wirtschaftszweigen wie z. B. im Bergbau.
Aktive und passive Arbeitsmarktpolitik	➤ **Aktive Arbeitsmarktpolitik** zielt darauf ab, Personen z. B. durch Fortbildungen und Umschulungen in den Arbeitsmarkt einzugliedern.
	➤ Als **passive Arbeitsmarktpolitik** bezeichnet man Zahlungen, wie z. B. Arbeitslosen- und Kurzarbeitergeld, mit denen die materiellen Schäden der Arbeitslosigkeit abgemildert werden sollen.
Maßnahmen zur Zielerreichung	➤ **Bundesagentur für Arbeit**: Arbeitsvermittlung, Berufsberatung und Mobilitätsförderung
	➤ **Regierung:** Lohnnebenkostensenkung, Investitionsförderprogramme, Bildungs- und Forschungsinvestitionen
	➤ **Arbeitgeber**: Neueinstellungen, Investitionen
	➤ **Arbeitnehmer**: Arbeitsbereitschaft, Weiterbildung, Lohnkürzungen

Beherrschen Sie das folgende Kompaktwissen über das Ziel „Außenwirtschaftliches Gleichgewicht"?	
Außenwirtschaftliches Gleichgewicht	Beträgt der Außenbeitrag eines Landes weniger als 2 % des **Bruttoinlandsproduktes**, ist die Außenwirtschaft im Gleichgewicht.
Außenbeitrag	➤ Der **Außenbeitrag** bezeichnet die Differenz zwischen dem Export und dem Import von Waren und Dienstleistungen eines Landes.
	➤ Bei einem positiven Außenbeitrag hat das Inland mehr Güter exportiert als importiert.
	➤ Ein positiver Außenbeitrag sichert Arbeitsplätze und erhöht das Wirtschaftswachstum.

Beherrschen Sie das folgende Kompaktwissen über das Ziel „Angemessenes Wirtschaftswachstum"?	
Wirtschaftswachstum	Die Erhöhung des Bruttoinlandsproduktes eines Landes innerhalb einer bestimmten Periode wird als **Wirtschaftswachstum** bezeichnet.
Bruttoinlandsprodukt	➤ **Bruttoinlandsprodukt** (BIP) bezeichnet den Wert der Güter und Dienstleistungen, der innerhalb einer Periode von In- und Ausländern im Inland hergestellt werden.
	➤ Das Bruttoinlandsprodukt gilt als Maßstab für die **Leistungsfähigkeit** und den **Wohlstand** der Bevölkerung eines Landes.

Kritik am Modell des Bruttoinlands-produktes	➤ **quantitative Kritik**: Bei der Berechnung des Bruttoinlands-produktes werden bestimmte Leistungen wie Nachbarschaftshilfe, Schwarzarbeit, Kindererziehung etc. nicht bzw. nur als Schätzgröße erfasst. Das BIP stimmt also in der Höhe nicht. ➤ **qualitative Kritik**: Wohlstandsmindernde Komponenten wie Umweltzerstörung, Geräuschbelastungen etc. werden nicht erfasst. Das BIP spiegelt unseren Wohlstand also nicht genau wider.

Beherrschen Sie das folgende Kompaktwissen über das Ziel „Gerechte Einkommens- und Vermögensverteilung"?	
Einkommens- und Vermögens-verteilung	Verteilung der Gesamtheit aller Einkommen und Vermögen in der Bevölkerung.
Maßnahmen zur Einkommens- und Vermögensvertei-lung	➤ **Primärverteilung** über Löhne (für unselbstständige Tätigkeiten) und über Gewinne (aus Unternehmertätigkeiten und Vermögen). ➤ **Sekundärverteilung** über Steuern, Transferzahlungen, Subventionen und Angebote an öffentlichen Gütern.

Beherrschen Sie das folgende Kompaktwissen über das Ziel „Umweltschutz"?	
Umweltschutz	Unter Umweltschutz versteht man alle Maßnahmen, die darauf ausgerichtet sind, die natürlichen Lebensgrundlagen aller Lebewesen durch den Schutz des Bodens, der Luft, des Wassers und des Klimas zu erhalten.
Maßnahmen zum Umweltschutz	➤ **Aufklärung** in der Bevölkerung durch aktive Informationen etc. ➤ **Bestrafung** von Umweltsündern durch erhöhte Abgaben etc. ➤ **Belohnung** von umweltbewusstem Verhalten durch Subventionen etc. ➤ **Verbote** von Umweltverschmutzungen etc.

6.6.3 Sozialpolitik

Welche Ziele verfolgt die Sozialpolitik?		
Soziale Sicherung	**Soziale Gerechtigkeit**	**Sozialer Frieden**
Alle Menschen sollen gegen Krankheit, Altersarmut, Arbeitslosigkeit und Unfälle abgesichert werden.	Alle Güter, die in einer Volkswirtschaft vorhanden sind und erzeugt werden, sollen gerecht in der Bevölkerung verteilt werden.	Alle Menschen in einer Volkswirtschaft sollen zufrieden und friedlich miteinander leben.

Welche Instrumente der Sozialpolitik werden unterschieden?

Verteilungspolitik	Sicherungspolitik	Arbeitsmarktpolitik	Arbeitsschutzpolitik
Die Ungleichheiten der Einkommen der Beschäftigten sollen verringert werden.	Die Menschen sollen gegen allgemeine Lebensrisiken abgesichert werden.	Die Arbeitszufriedenheit der Menschen soll steigen.	Die Beschäftigten sollen bei ihrer Arbeit vor Gefahren geschützt werden.
Instrumente: Ungleiche Besteuerung und Steuervergünstigungen, Wohngeld, Sozialhilfe etc.	**Instrumente:** Kranken-, Pflege-, Renten-, Arbeitslosen- und Unfallversicherung.	**Instrumente:** Jobvermittlung, Berufsberatung, Kurzarbeitergeld etc.	**Instrumente:** Arbeits-, Unfall-, Kündigungs- und Mutterschutz, Mitbestimmung etc.

6.6.4 Konjunktur

Was versteht man unter Konjunktur?

Konjunktur bezeichnet die Schwankungen der ökonomischen Aktivität in der gesamten Wirtschaft. Sie steht in wechselseitiger Abhängigkeit zum Preisniveau, zur Beschäftigungslage, zu den außenwirtschaftlichen Aktivitäten und zum Wirtschaftswachstum.

Wie lässt sich der Konjunkturverlauf grafisch darstellen und beschreiben?

Grafische Darstellung der Konjunkturphasen:

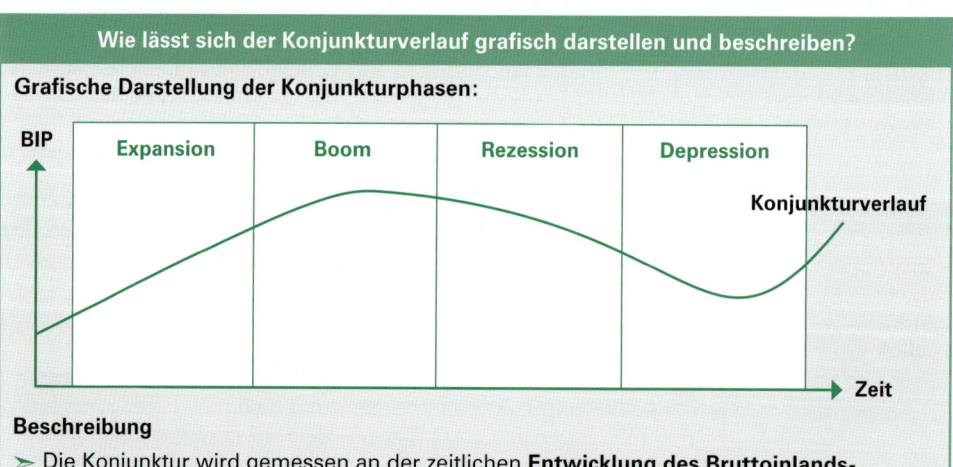

Beschreibung

➤ Die Konjunktur wird gemessen an der zeitlichen **Entwicklung des Bruttoinlandsproduktes (BIP).**

➤ Die wirtschaftlichen Schwankungen vollziehen sich nicht gleichmäßig.

➤ Der **Konjunkturzyklus** durchläuft die vier Phasen Expansion (Aufschwung), Boom (Hochkonjunktur), Rezession (Abschwung) und Depression (Tiefstand).

➤ Die Phasen werden immer nacheinander durchlaufen und sind von unterschiedlicher Dauer.

➤ Ein Konjunkturzyklus dauert etwa 4 bis 6 Jahre.

Wie können die vier Konjunkturphasen beschrieben werden?	
Aufschwung	➤ positive Grundhaltung und Zukunftsfreude bei den Wirtschaftssubjekten ➤ steigende Gewinne und zunehmende Produktionsauslastungen bei den Unternehmen
Hoch-konjunktur	➤ Glückseligkeit und hohe Lohnforderungen bei den Wirtschaftssubjekten ➤ hohe Gewinne, hoher Beschäftigungsstand und volle Auslastung der Kapazitäten bei den Unternehmen
Abschwung	➤ zunehmende Skepsis, sinkende Einkommen, höhere Sparquoten bei den Wirtschaftssubjekten ➤ rückläufige Gewinne, zurückgehende Kapazitätsauslastungen und sinkender Beschäftigungsstand bei den Unternehmen
Tiefstand	➤ Verzweiflung, Trauer und hohe Arbeitslosigkeit bei den Wirtschaftssubjekten ➤ rückläufige Gewinnerwartungen, volle Lager und viele Insolvenzen bei den Unternehmen

Mit welchen Indikatoren können die Konjunkturphasen gemessen werden?		
Frühindikatoren zeigen, wie sich die Konjunktur in den kommenden Monaten entwickeln wird.	**Präsenzindikatoren** verdeutlichen die gerade vorherrschende konjunkturelle Lage.	**Spätindikatoren** hinken der wirtschaftlichen Entwicklung hinterher. Sie verdeutlichen die konjunkturelle Entwicklung der Vergangenheit.
Indikatoren: Offene Stellen am Arbeitsmarkt, Auftragseingänge bei den Unternehmen etc.	**Indikatoren:** Bruttoinlandsprodukt, Kapazitätsauslastungen bei den Unternehmen etc.	**Indikatoren:** Preisniveau, Löhne, Arbeitslosenquote etc.

Beherrschen Sie das folgende Kompaktwissen zur Konjunkturpolitik?	
Nachfrage-orientierte Wirtschafts-politik	➤ **Ansatz:** Die **Nachfrage** in der Bevölkerung ist entscheidend für die Konjunktur. ➤ **Idee:** In der Rezession wird die Konjunktur belebt, indem der Staat die Nachfrage z. B. durch Steuersenkungen erhöht. ➤ **Ziel:** Sinkende Steuern sollen zu steigenden Einkommen, zunehmender Nachfrage, höheren Gewinnen bei den Unternehmen, mehr Investitionen, mehr Einstellungen, sinkender Arbeitslosigkeit und zur Konjunkturbelebung führen.
Angebots-orientierte Wirtschafts-politik	➤ **Ansatz:** Das **Angebot** der Unternehmen ist entscheidend für die Konjunktur. ➤ **Idee:** In der Rezession wird die Konjunktur belebt, indem der Staat die Bedingungen für die Unternehmen z. B. durch Steuererleichterungen verbessert. ➤ **Ziel:** Sinkende Steuern sollen zu steigenden Angeboten, mehr Investitionen, mehr Einstellungen, sinkender Arbeitslosigkeit und zur Konjunkturbelebung führen.

Beherrschen Sie das folgende Kompaktwissen zur Konjunkturpolitik?	
Monetaris-mus	➤ **Ansatz:** Die im Umlauf befindliche **Geldmenge** ist entscheidend für die Konjunktur.
	➤ **Idee:** In der Rezession wird die Konjunktur belebt, indem die Europäische Zentralbank z. B. durch einen geringen Leitzinssatz die Geldmenge erhöht.
	➤ **Ziel:** Sinkende Leitzinsen sollen zu steigender Kreditnachfrage, zunehmendem Konsum, mehr Einstellungen, sinkender Arbeitslosigkeit und zur Konjunkturbelebung führen.

PRÜFUNGSTRAINING

Aufgabe 1

Entscheiden Sie, welche der folgenden marktwirtschaftlichen Systeme in den unten stehenden Aussagen jeweils angesprochen sind!

① = Freie Marktwirtschaft

② = Zentralverwaltungswirtschaft

③ = Soziale Marktwirtschaft

Tragen Sie die entsprechende Ziffer in die Kästchen hinter den jeweiligen Aussagen ein!

a) Die Bedarfe der Haushalte und die Produktionen der Unternehmen werden zentral vom Staat geplant und koordiniert. ☐

b) Die Bedarfe der Haushalte und die Produktionen der Unternehmen werden am Markt durch Preisbildungsprozesse gesteuert. ☐

c) Die Wirtschaftssubjekte werden durch die Kranken-, Renten-, Arbeitslosen-, Pflege- und Unfallversicherung abgesichert. ☐

d) Probleme ergeben sich aufgrund fehlender Anreize zu wirtschaftlichem Verhalten. ☐

e) Aufgrund fehlender Staatseinnahmen fällt es schwer, die sozialen Sicherungssysteme zu reformieren. ☐

f) Der Staat greift in das Wirtschaftsgeschehen durch Maßnahmen der Wirtschafts- und Sozialpolitik ein. ☐

Aufgabe 2

Ordnen Sie den unten stehenden Bereichen der Wirtschaftspolitik die jeweils richtige Beschreibung zu!

Tragen Sie hierzu die Ziffer der jeweiligen Beschreibung in die Kästchen hinter den Bereichen der Wirtschaftspolitik ein!

Beschreibungen

① = Das Wirtschaftsgeschehen wird durch kurzfristige und zielgerichtete Maßnahmen beeinflusst.

② = Das Wirtschaftsgeschehen wird durch die Gestaltung der Rahmenbedingungen beeinflusst.

③ = Das Wirtschaftsgeschehen wird durch den Erhalt oder die Änderung der Strukturen beeinflusst.

Bereiche der Wirtschaftspolitik

a)   Ordnungspolitik _____ ☐

b)   Prozesspolitik _____ ☐

c)   Strukturpolitik _____ ☐

Aufgabe 3

Entscheiden Sie, ob die folgenden Aussagen zur Preisniveaustabilität

①   =   richtig oder

⑨   =   falsch

sind!

Tragen Sie die entsprechende Ziffer in die Kästchen hinter den jeweiligen Aussagen ein!

a)   Die Entwicklung des Preisniveaus wird mithilfe eines Warenkorbs gemessen. _____ ☐

b)   Preise gelten als stabil, wenn sie im Vergleich zum Vorjahr um weniger als 5 %
     angestiegen sind. _____ ☐

c)   Wenn das Preisniveau in einer Volkswirtschaft ansteigt, hat das Geld an Kaufkraft
     verloren. _____ ☐

d)   Sinkt das Preisniveau, muss man weniger bezahlen, um die gleichen Güter zu kaufen. _ ☐

e)   Preisniveaustabilität bedeutet, dass die Preise über einen längeren Zeitraum
     schwanken. _____ ☐

f)   Wenn das Preisniveau in einer Volkswirtschaft sinkt, ist die Kaufkraft des Geldes
     gestiegen. _____ ☐

g)   Steigt das Preisniveau, muss man mehr bezahlen, um die gleichen Güter zu kaufen. ___ ☐

Aufgabe 4

Entscheiden Sie, welche der folgenden Aussagen über Reallöhne richtig ist!

Steigen die Reallöhne stärker als die Nominallöhne, dann

①   =   bleibt das Preisniveau konstant

②   =   ist der Lebensstandard der Wirtschaftssubjekte gestiegen

③   =   bleiben die Preise konstant!

Tragen Sie die zutreffende Ziffer in das Kästchen ein! _____ ☐

Aufgabe 5

Entscheiden Sie, ob die folgenden Situationen

①   =   inflatorische oder

②   =   deflatorische Auswirkungen haben!

Tragen Sie die entsprechende Ziffer in die Kästchen hinter den jeweiligen Aussagen ein!

a)   Aufgrund des zunehmenden Wettbewerbs müssen viele Unternehmen
     ihre Preise senken. _____ ☐

b)   Um die Konjunktur anzutreiben, erhöht der Staat seine Ausgaben deutlich. _____ ☐

c)   Die Exporte nehmen stark zu, wodurch sich die im Umlauf befindliche Geldmenge
     erhöht. _____ ☐

d)   Weil die Wirtschaftssubjekte ihre Sparquote erhöhen, sinkt die im Umlauf befindliche
     Geldmenge. _____ ☐

e)   Aufgrund der schlechten Wirtschaftslage erhöhen viele Unternehmen ihre Preise. _____ ☐

Aufgabe 6

Entscheiden Sie, welche der folgenden Aussagen über die Kaufkraft des Geldes richtig ist!

Steigt die Kaufkraft des Geldes,

① = steigen die Preise

② = sinken die Preise

③ = steigt das Preisniveau

④ = sinkt das Preisniveau

Tragen Sie die zutreffende Ziffer in das Kästchen ein! _____ □

Aufgabe 7

Ordnen Sie die folgenden Instrumente der Geldpolitik den unten stehenden Beschreibungen zu!

Tragen Sie hierzu die Ziffer des jeweiligen geldpolitischen Instruments in die Kästchen hinter den Beschreibungen ein!

Instrumente der Geldpolitik

① = Offenmarktgeschäfte

② = Ständige Fazilitäten

③ = Mindestreservepolitik

Beschreibungen

Die Zentralbank steuert die im Umlauf befindliche Geldmenge durch

a) ... die Kreditvergabe oder die Guthabenverzinsung zu unterschiedlichen Zinssätzen. __ □

b) ... den Kauf oder Verkauf von Wertpapieren am Markt._____ □

c) ... die Höhe der Geldmindestreserve, die die Kreditinstitute bei der Zentralbank hinterlegen müssen. _____ □

Aufgabe 8

Entscheiden Sie, ob in den unten stehenden Fällen jeweils die

① = friktionelle

② = saisonale

③ = konjunkturelle

④ = technologische oder

⑤ = strukturelle

Arbeitslosigkeit angesprochen ist!

Tragen Sie die entsprechende Ziffer in die Kästchen hinter den Fällen ein!

a) Im Baugewerbe steigt die Zahl der Arbeitslosen in den Wintermonaten stark an. _____ □

b) Im Bergbau werden Arbeitskräfte entlassen, die lange Zeit arbeitslos bleiben. _____ □

c) Aufgrund der schlechten wirtschaftlichen Lage wird eine Vielzahl von Arbeitnehmern entlassen._____ □

d) Entlassene Mitarbeiter eines Unternehmens finden in kurzer Zeit wieder eine neue Arbeit. _____ □

e) In einem Industrieunternehmen wird eine Arbeitskraft durch eine Maschine ersetzt. __ □

Aufgabe 9

Entscheiden Sie, welche der folgenden Maßnahmen zur aktiven Arbeitsmarktpolitik gehört!

① = Arbeitslosengeld

② = berufliche Fortbildung

③ = Kurzarbeitergeld

Tragen Sie die zutreffende Ziffer in das Kästchen ein! _____ ☐

Aufgabe 10

Ordnen Sie die folgenden Maßnahmen zur Bekämpfung der Arbeitslosigkeit den unten stehenden Institutionen bzw. Personen zu!

Tragen Sie hierzu die Ziffer der jeweiligen Maßnahme in die Kästchen hinter den Institutionen bzw. Personen ein!

Maßnahmen

① = Neueinstellungen

② = berufliche Weiterbildung

③ = Investitionsförderungsprogramme

④ = Arbeitsvermittlung

Institutionen

a) Bundesagentur für Arbeit _____ ☐

b) Bundesregierung _____ ☐

c) Arbeitgeber _____ ☐

d) Arbeitnehmer _____ ☐

Aufgabe 11

Entscheiden Sie, ob die folgenden Aussagen über die Ziele des „Magischen Sechsecks"

① = richtig oder

⑨ = falsch

sind!

Tragen Sie die entsprechende Ziffer in die Kästchen hinter den jeweiligen Aussagen ein!

a) Das Bruttoinlandsprodukt (BIP) gilt auch als Maßstab für die Leistungsfähigkeit eines Landes. _____ ☐

b) Wenn die Exporte die Importe eines Landes übersteigen, ist der Außenbeitrag positiv. _ ☐

c) Umweltschutz ist kein Ziel der Wirtschaftspolitik. _____ ☐

d) Ein positiver Außenbeitrag sichert Arbeitsplätze und erhöht das Wirtschaftswachstum. _____ ☐

e) Leistungen wie Nachbarschaftshilfen werden bei der Berechnung des BIP nicht erfasst. _____ ☐

f) Gerechte Einkommens- und Vermögensverteilung ist ein Ziel der Wirtschaftspolitik. ___ ☐

g) Beträgt der Außenbeitrag weniger als 5 % des BIP, ist die Außenwirtschaft im Gleichgewicht. _____ ☐

Aufgabe 12

Welche der nachfolgenden Instrumente der Sozialpolitik gehören zur Arbeitsschutzpolitik?

① = Steuervergünstigungen
② = Rentenversicherung
③ = Kündigungsschutz
④ = Berufsberatung
⑤ = Mitbestimmung
⑥ = Unfallschutz

Tragen Sie die Ziffern vor den drei korrekten Instrumenten in die Kästchen ein! ____ ☐ ☐ ☐

Aufgabe 13

Entscheiden Sie, ob die folgenden Aussagen über die Konjunktur

① = richtig oder
⑨ = falsch

sind!

Tragen Sie die entsprechende Ziffer in die Kästchen hinter den jeweiligen Aussagen ein!

a)   Die Auftragseingänge sind ein Frühindikator für die konjunkturelle Entwicklung. _____ ☐

b)   Unter Konjunktur versteht man die Schwankungen der ökonomischen Aktivität in der Wirtschaft._____ ☐

c)   Die Konjunktur wird an der zeitlichen Entwicklung des Außenbeitrags gemessen. _____ ☐

d)   Ein Konjunkturzyklus dauert immer genau 10 Jahre. _____ ☐

e)   Spätindikatoren wie die Löhne etc. hinken der wirtschaftlichen Entwicklung hinterher. _ ☐

f)   Der Konjunkturzyklus durchläuft nacheinander die Phasen der Expansion und Rezession._____ ☐

g)   Die Auslastung der Produktionskapazitäten sind ein Präsenzindikator für die konjunkturelle Lage. _____ ☐

h)   Die Konjunktur wird beeinflusst vom Preisniveau und der Beschäftigungslage. _____ ☐

Aufgabe 14

Entscheiden Sie, welche Konjunkturphasen im unten stehenden Schaubild jeweils abgebildet sind!

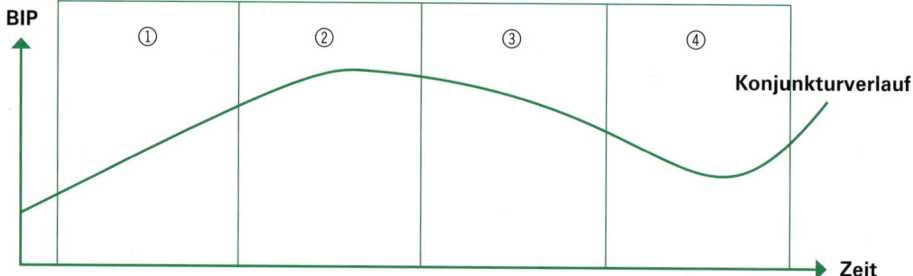

Tragen Sie hierzu die Ziffern aus dem Schaubild in die Kästchen hinter den Konjunkturphasen ein!

a) Hochkonjunktur _____ ☐

b) Abschwung _____ ☐

c) Aufschwung _____ ☐

d) Tiefstand _____ ☐

Aufgabe 15

Entscheiden Sie, ob in den unten stehenden Aussagen die Konjunkturphase

① = Expansion

② = Boom

③ = Rezession

④ = Depression

angesprochen wird!

Tragen Sie die entsprechende Ziffer in die Kästchen hinter den jeweiligen Aussagen ein!

a) Die Grundhaltung der Wirtschaftssubjekte ist positiv. _____ ☐

b) Die Unternehmen verzeichnen rückläufige Gewinne und einen sinkenden Beschäftigungsstand. _____ ☐

c) Unter den Wirtschaftssubjekten herrscht Verzweiflung, Trauer und Ratlosigkeit. _____ ☐

d) Die Unternehmen verzeichnen sehr hohe Gewinne. _____ ☐

e) Die Wirtschaftssubjekte werden zunehmend skeptisch und die Sparquoten steigen. ___ ☐

f) Die Gewinne und die Kapazitätsauslastungen der Unternehmen steigen. _____ ☐

g) Die Wirtschaftssubjekte sind glückselig und die Kapazitäten sind voll ausgelastet. _____ ☐

h) Die Unternehmen verzeichnen rückläufige Gewinne, volle Lager und viele Insolvenzen. ☐

Aufgabe 16

Ordnen Sie die folgenden Ansätze der Konjunkturpolitik den unten stehenden Aussagen zu!

Tragen Sie hierzu die Ziffer des jeweiligen Ansatzes in die Kästchen hinter den Aussagen ein!

Maßnahmen

① = Nachfrageorientierte Wirtschaftspolitik

② = Angebotsorientierte Wirtschaftspolitik

③ = Monetarismus

Institutionen

a) In der Rezessionsphase senkt die EZB die Leitzinsen, um die Konjunktur zu beleben. ___ ☐

b) In der Boomphase erhöht der Staat die Einkommensteuern, um die Konjunktur zu bremsen. _____ ☐

c) In der Rezession werden die Unternehmensbedingungen verbessert, um die Konjunktur zu beleben. _____ ☐

d) In der Boomphase erhöht die EZB die Leitzinsen, um die Konjunktur zu bremsen. _____ ☐

e) In der Rezessionsphase senkt der Staat die Einkommensteuern, um die Konjunktur zu beleben. _____ ☐

9 Hummel u.a.-ISBN 978-3-8120-0598-2

7 Grundlagen des Wirtschaftsrechts

7.1 Wirtschaftsrechtliche Grundbegriffe

KOMPAKTWISSEN

7.1.1 Rechtsfähigkeit

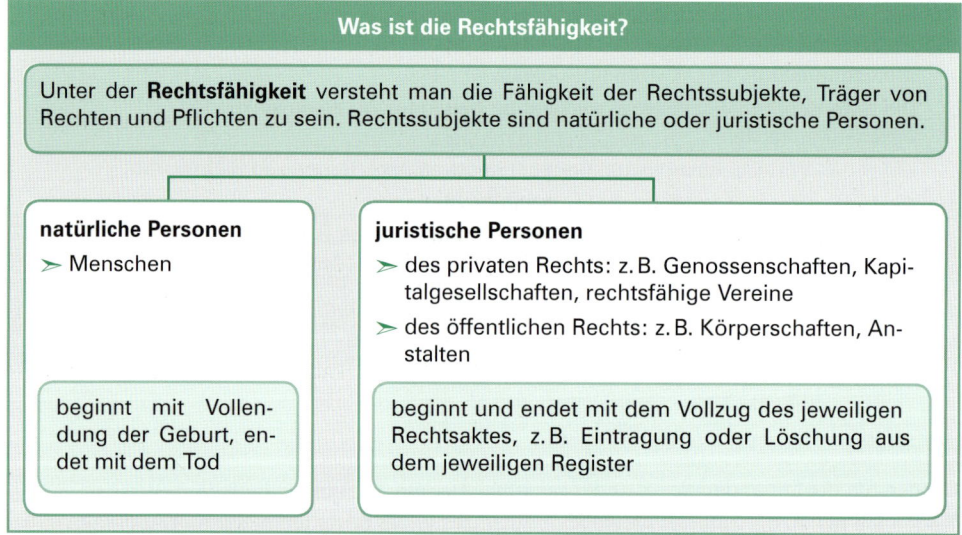

Was ist die Rechtsfähigkeit?

Unter der **Rechtsfähigkeit** versteht man die Fähigkeit der Rechtssubjekte, Träger von Rechten und Pflichten zu sein. Rechtssubjekte sind natürliche oder juristische Personen.

natürliche Personen
➤ Menschen

beginnt mit Vollendung der Geburt, endet mit dem Tod

juristische Personen
➤ des privaten Rechts: z. B. Genossenschaften, Kapitalgesellschaften, rechtsfähige Vereine
➤ des öffentlichen Rechts: z. B. Körperschaften, Anstalten

beginnt und endet mit dem Vollzug des jeweiligen Rechtsaktes, z. B. Eintragung oder Löschung aus dem jeweiligen Register

7.1.2 Geschäftsfähigkeit

Was ist die Geschäftsfähigkeit?

Unter der **Geschäftsfähigkeit** versteht man die Fähigkeit, durch eigenes Tun wirksam Willenserklärungen abzugeben mit der Absicht, ein Rechtsgeschäft abzuschließen.

Welche Abstufungen bei der Geschäftsfähigkeit gelten für natürliche Personen?

bis zur Vollendung des 7. Lebensjahres: **geschäftsunfähig** Willenserklärungen von **nicht Geschäftsfähigen** sind **unwirksam,** also nichtig. **Ausnahme**: Botengänge für Auftraggeber, da dadurch nicht der eigene Wille ausgedrückt wird.	mit Vollendung des 7. Lebensjahres bis zur Vollendung des 18. Lebensjahres: **beschränkt geschäftsfähig** Bei **beschränkt Geschäftsfähigen** sind Willenserklärungen **schwebend unwirksam,** die Vertretungsberechtigten (meist Eltern) müssen zustimmen (vorher einwilligen oder nachher genehmigen). In folgenden **Ausnahmefällen** gelten Willenserklärungen von beschränkt Geschäftsfähigen von Anfang an, auch ohne Zustimmung der Vertreter: ➤ Rechtsgeschäfte mit lediglich rechtlichem Vorteil ➤ Rechtsgeschäfte im Rahmen des Taschengeldes ("Taschengeldparagraf") ➤ Rechtsgeschäfte im Rahmen eines selbstständigen Geschäftsbetriebs ➤ Rechtsgeschäfte im Rahmen eines Dienst- oder Arbeitsverhältnisses (Achtung: betrifft nicht Ausbildungsverhältnisse!)	mit Vollendung des 18. Lebensjahres: **voll geschäftsfähig** Willenserklärungen von **voll Geschäftsfähigen** sind **wirksam.** **Juristische Personen** sind immer voll geschäftsfähig.

Beachte: Juristische Personen erlangen mit der Rechtsfähigkeit die volle Geschäftsfähigkeit.

7.1.3 Rechtsgeschäfte

Wie können Rechtsgeschäfte unterteilt werden?

Die Abgabe einer Willenserklärung führt zu einer bestimmten Rechtswirkung: Ein Rechtsgeschäft wird begründet. Dies muss nicht, kann aber ein Vertrag sein. Jedes Rechtsgeschäft lässt sich in ein Verpflichtungsgeschäft und in ein Erfüllungsgeschäft aufspalten (siehe Kap. 7.2 Kaufvertrag). Man unterscheidet die Rechtsgeschäfte nach den zugrunde liegenden Willenserklärungen.

Wie können Rechtsgeschäfte unterteilt werden?

einseitige Rechtsgeschäfte

Rechtswirkungen treten durch die **Willenserklärungen einer Person** ein

empfangs-bedürftig

wirksam erst mit Zugang beim Empfänger

Kündigung, Rücktritt, Vollmacht, Angebot

nicht empfangs-bedürftig

wirksam schon bei Abgabe/mit Niederschrift

Testament, Auslobung (Finderlohn)

zwei-/mehrseitige Rechtsgeschäfte

Rechtswirkungen treten durch **übereinstimmende Willenserklärungen der Beteiligten** ein (Antrag und Annahme)

einseitige Verträge

einer ist verpflichtet, einer ist berechtigt

Schenkung, Auftrag, Bürgschaft

zweiseitige Verträge

beide sind verpflichtet, beide sind berechtigt

Kaufvertrag, Mietvertrag, Ausbildungsvertrag

7.1.4 Willenserklärungen

Welche Möglichkeiten gibt es zur Abgabe von Willenserklärungen?

Grundsätzlich ist es möglich, **Willenserklärungen formlos** abzugeben, d. h. mündlich (im Gespräch, auch telefonisch), schriftlich (Brief mit Unterschrift, auch per E-Mail mit Signatur) oder durch schlüssiges Verhalten in einer Situation (konkludentes Verhalten).

Welche Formvorschriften gibt es für bestimmte Willenserklärungen bzw. Rechtsgeschäfte?

Schriftform

Ratenlieferungsvertrag, Bürgschaft, Kündigung eines Arbeitsvertrags oder eines Mietvertrags, Testament

Beglaubigungen

Echtheit der Unterschrift wird bestätigt vom Notar, z. B. Registereintragungen

Beurkundungen

Inhalte der Erklärung werden verlesen, erklärt und die Anwesenden erklären ihren Willen vor einem Notar, z. B. Grundstücksgeschäfte

7.1.5 Nichtigkeit von Rechtsgeschäften

Was bedeuten die Begriffe Nichtigkeit und Anfechtung?

Rechtsgeschäfte können bei schweren Mängeln für nichtig erklärt oder angefochten werden.

➤ Bei **Nichtigkeit** wird das Rechtsgeschäft von Anfang an so betrachtet, als wäre es nicht zustande gekommen.

➤ Bei **Anfechtbarkeit** ist die Willenserklärung bis zur Anfechtung gültig, nach erfolgreicher Anfechtung ist sie von Anfang an ungültig. Eine Anfechtung muss geäußert werden.

Welche Gründe können für die Nichtigkeit von Willenserklärungen herangezogen werden?	
Geschäfts-unfähigkeit	➤ Willenserklärungen von einem Geschäftsunfähigen sind nichtig. ➤ Nichtig ist eine Willenserklärung, die im Zustand der Bewusstlosig-keit oder vorübergehender Störung der Geistestätigkeit abgegeben wurde, z. B. im Rausch.
Scheingeschäft	➤ Ein Rechtsgeschäft wurde zwischen den Beteiligten so abgeschlos-sen, dass ein anderer Sachverhalt verdeckt wird oder ein anderes Ziel erreicht wird, z.B. Eintrag einer niedrigen Summe in einem Mietvertrag, um Einkommensteuern zu sparen. Die restliche Zah-lung erfolgt ohne Beleg.
Scherzgeschäft	➤ Eine nicht ernst gemeinte Willenserklärung ist nichtig, z. B. die Be-stellung in der Kantine: „Ich gebe 100,00 € für ein Schnitzel!"
Formmangel	➤ Wenn die vorgeschriebene Form nicht beachtet wurde, z. B. bei einem Ehevertrag wird kein Notar hinzugezogen. Der Vertrag ist nichtig.
Gesetzliches Verbot, Sitten-widrigkeit, Wucher	➤ Ein Rechtsgeschäft, das gegen ein gesetzliches Verbot, gegen die guten Sitten verstößt oder eine Zwangslage bzw. Unerfahrenheit des anderen ausnutzt, ist nichtig. Beispiel: Verkauf von Alkohol an Jugendliche, Vereinbarung stark überhöhter Zinsen bei einem drin-gend benötigten Kredit.

7.1.6 Anfechtung von Rechtsgeschäften

Welche Gründe gibt es für die Anfechtung von Willenserklärungen?	
Inhaltsirrtum	➤ Bei einem Inhaltsirrtum wusste der Erklärende nicht, was genau er mit der Willenserklärung auslösen würde, z. B. wollte ein Käufer sechs Stück, als er ein Dutzend bestellte. Ein Dutzend sind 12 Stück.
Erklärungsirrtum	➤ Bei einem Erklärungsirrtum wollte der Erklärende die Willenserklä-rung gar nicht abgeben, z. B. ist sie so „herausgerutscht".
Eigenschafts-irrtum	➤ Bei einem Eigenschaftsirrtum waren dem Erklärenden nicht alle notwendigen Informationen über die Sache bekannt, z. B. leichte Beschädigungen.
Übermittlungs-irrtum	➤ Übermittlungsfehler können z. B. durch technische Probleme auf-seiten des Senders oder des Empfängers verursacht werden.
Beachte:	Die Anfechtung muss unverzüglich nach Erkennen des Irrtums erfolgen. Even-tuell muss der Anfechtende Schadensersatz zahlen.
Arglistige Täuschung oder widerrechtliche Drohung	➤ Wenn jemand eine Willenserklärung abgab, weil er getäuscht oder bedroht wurde, so ist diese anfechtbar, z. B. bei Erpressung.
Beachte:	Die Anfechtung muss innerhalb eines Jahres nach Kenntnis der Täuschung bzw. nach Wegfall der Zwangslage erfolgen.

7.1.7 Eigentum/Besitz

Wie unterscheiden sich Eigentum und Besitz?

➤ **Eigentum** ist die rechtliche Herrschaft über eine Sache.

➤ **Besitz** ist die tatsächliche Herrschaft über eine Sache.

➤ Der Besitzer einer Sache kann auch Eigentümer einer Sache sein (wird in den meisten Fällen angenommen, Eigentumsvermutung), es können jedoch auch verschiedene Personen sein.

Beispiel:

Ein Tourist mietet für einen Tag ein Fahrrad bei einem Fahrradverleih. Er wird somit für den einen Tag der Besitzer, aber nicht der Eigentümer des Fahrrads. Eigentümer bleibt der Fahrradverleiher (zum Eigentumsübergang s. Kap. 7.2 Kaufvertrag).

PRÜFUNGSTRAINING

Aufgabe 1

Sie arbeiten im Lager der „Achims Bastelzubehör Rahlstedt GmbH". Dort stehen verschiedene Kunden in der Datei. Sie finden dazu einige Informationen.

Entscheiden Sie, ob diese richtig oder falsch sind. Notieren Sie eine

①, wenn es sich um zutreffende Aussagen oder eine

⑨, wenn es sich um falsche Aussagen

handelt!

a) Tim Fischer ist 16 Jahre alt und somit sind seine Willenserklärungen grundsätzlich nichtig. _____ ☐

b) Sina Achenbach wird im nächsten Monat 18 Jahre alt und ist ab dem Datum voll geschäftsfähig. _____ ☐

c) Christian Manfort (16 Jahre alt) kann nur Dinge kaufen, die er mit seinem Taschengeld bezahlen kann. _____ ☐

d) Die Enkelin von Therese Kramer ist 5 Jahre alt und somit nicht rechtsfähig. _____ ☐

e) Stefan Heinen, 14, darf pro Woche Bastelzubehör im Wert von 6,00 € kaufen, die schriftliche Einwilligung der Eltern liegt vor. _____ ☐

Aufgabe 2

In diesem Zusammenhang informieren Sie sich noch einmal über die grundlegenden Zusammenhänge von Rechts- und Geschäftsfähigkeit. Notieren Sie eine

① für richtige,

⑨ für falsche Aussagen!

a) Geschäftsfähigkeit bedeutet, dass Willenserklärungen rechtswirksam abgegeben werden können._____ □

b) Alle Kinder vor Vollendung des siebten Lebensjahres und alle dauerhaft geistesgestörten Personen sind nicht rechtsfähig. _____ □

c) Beschränkt geschäftsfähige Personen können Rechtsgeschäfte abschließen, wenn es sich um Geschäfte mit lediglich rechtlichem Vorteil für die Person handelt. ___ □

d) Für einen Geschäftsunfähigen kann nur der gesetzliche Vertreter oder sein Vormund rechtswirksam Willenserklärungen abgeben. _____ □

e) Beschränkt Geschäftsfähige können in Ausnahmefällen rechtswirksam Willenserklärungen abgeben._____ □

f) Juristische Personen sind nur geschäftsfähig, nicht rechtsfähig._____ □

g) Mit der Vollendung des 18. Lebensjahres wird man voll geschäftsfähig._____ □

h) Man bezeichnet die Fähigkeit, rechtswirksam Willenserklärungen abgeben zu dürfen, als Rechtsfähigkeit. _____ □

i) Juristische Personen werden nach sieben Jahren beschränkt geschäftsfähig. _____ □

j) Eine GmbH ist mit der Eintragung in das Handelsregister rechtsfähig. _____ □

k) Alle Personen unter sieben Lebensjahren sind nicht geschäftsfähig. _____ □

Aufgabe 3

In der Kundenkartei finden Sie ein Verzeichnis der Umsätze des letzten Monats mit einigen Kunden aus der Nachbarschaft.

Entscheiden Sie, ob es sich bei den folgenden Sachverhalten um Rechtsgeschäfte handelt, die entweder

① unwirksam,

② schwebend unwirksam oder

③ wirksam

sind!

a) Ein 7-jähriger Junge kauft einen Elefantenaufkleber (0,50 €). _____ □

b) Leonie Kramer (9 Jahre) kauft einen Bastelsatz für ein Puppenhaus für 34,00 € im Sonderangebot._____ □

c) Gerade 18 Jahre alt geworden, erwirbt Carsten Marienfeld ein Spezialwerkzeug zum Löten seines Modellflugzeuges für 1 200,00 €. _____ □

d) Weil die Eltern eine Modelleisenbahnanlage für ihren 11-jährigen Sohn Markus gekauft haben, schenkt ihm der Geschäftsführer ein Holzhäuschen im Wert von 50,00 €._____ □

e) Markus kauft sich nachmittags ein zweites dazu._____ □

f) Sein Bruder Jakob, 6 Jahre, kauft für 0,70 € zwei Buntstifte. _____ □

g) Seine Schwester Felicitas, 16 Jahre, vereinbart mit dem Geschäftsführer, dass sie einen Monat lang einen leistungsstarken Trafo für die Modellbahn ausleihen kann. Die Miete beträgt 25,00 € pro Woche. _____ □

Aufgabe 4

Ihnen sind folgende Ereignisse bekannt. Beurteilen Sie, ob es

① wirksame Rechtsgeschäfte oder

② schwebend unwirksame Rechtsgeschäfte

sind!

a) Daniel Schlüter, 16 Jahre, kauft einen Satz Trikots für seine Fußballmannschaft bei einem befreundeten Sportartikelhändler. _____ ☐

b) Seine gleichaltrige Cousine Annabel hat von ihrem angesparten Taschengeld einen Computer gekauft. _____ ☐

c) Ihr Mitauszubildender Mike Bonnemann, 18 Jahre, bucht eine Reise für sich und seine Freundin nach Mallorca. _____ ☐

d) Sie haben der Nachbarstochter Marie, 15 Jahre alt, Ihr altes Mofa geschenkt. Marie nimmt das Geschenk an. _____ ☐

e) Pierre, 18 Jahre, schließt mit der Autowerkstatt am Ende der Straße einen Ausbildungsvertrag ab. _____ ☐

f) Ole Jensen, 6 Jahre, kommt zum Bäcker mit einer Brötchenliste in der Hand. Geld haben ihm die Eltern mitgegeben. _____ ☐

g) Nicole Baumgartner ist 17 Jahre alt, ihr Freund 19 Jahre. Er schenkt ihr ein wertvolles Armband. Sie weiß, ihre Eltern sind dagegen. _____ ☐

Aufgabe 5

Beurteilen Sie die folgenden Aussagen zu Rechtsgeschäften im Hinblick auf ihre Richtigkeit!

① Nicht empfangsbedürftige Willenserklärungen sind wirksam, wenn sie ausgesprochen werden.

② Eine Schenkung gilt bereits mit der Willenserklärung des Schenkenden, sie muss nicht angenommen werden.

③ Eine schriftliche Kündigung ist rechtskräftig, wenn sie dem richtigen Empfänger zugestellt wird.

④ Sie müssen eine Vollmacht nicht dem Empfänger vorlegen.

⑤ Einseitige Rechtsgeschäfte treten durch die Willenserklärungen der Beteiligten ein.

⑥ Willenserklärungen bei nicht empfangsbedürftigen Rechtsgeschäften müssen mündlich abgegeben werden.

⑦ Ein Testament gilt bereits mit Niederschrift, eine Vorlage beim Empfänger ist nicht notwendig.

⑧ In einem einseitigen Vertrag werden beide Beteiligte zu einer Leistung verpflichtet, aber sind auch berechtigt, eine Gegenleistung zu erhalten.

⑨ Zweiseitige Rechtsgeschäfte werden durch zwei übereinstimmende Willenserklärungen (Antrag und Annahme) geschlossen.

Notieren Sie die Ziffern der drei zutreffenden Sachverhalte! _____ ☐ ☐ ☐

Aufgabe 6

Stellen Sie fest, in welchem Fall es sich um ein einseitiges, empfangsbedürftiges Rechtsgeschäft handelt!

① Ein Großvater schreibt sein Testament.

② Ein Betrieb kündigt den Mietvertrag bei einem Mietlager.

③ Ein Mitauszubildender mietet eine Wohnung.

④ Ein neuer Mitarbeiter unterzeichnet seinen Arbeitsvertrag.

⑤ Ein Autohändler verkauft einen neuen Lieferwagen.

Tragen Sie die Ziffer vor dem zutreffenden Fall in das Kästchen ein! _____ ☐

Aufgabe 7

Notieren Sie die Ziffer des Falles, der ein einseitiges Rechtsgeschäft beschreibt!

① Die Banrada GmbH verkauft den Lieferwagen an einen Gebrauchtwagenhändler.

② Der Gebrauchtwagenhändler nimmt einen Kredit bei der örtlichen Sparkasse auf.

③ Sie kaufen Aktien eines Chemieunternehmens.

④ Ihrem Kollegen wird gekündigt.

⑤ Ihr Lagermeister erteilt einem Elektriker den Auftrag, die Lampen in Halle 2 anzuschließen.

Tragen Sie die Ziffer vor dem zutreffenden Fall in das Kästchen ein! _____ ☐

Aufgabe 8

Welcher der nachfolgenden Fälle bezeichnet kein einseitiges Rechtsgeschäft?

① Testament

② Mahnung

③ Vermietung

④ Anfechtung

⑤ Kündigung

Tragen Sie die Ziffer vor dem zutreffenden Fall in das Kästchen ein! _____ ☐

Aufgabe 9

Sie arbeiteten heute im Verkaufslager von „Achims Bastelzubehör Rahlstedt GmbH". Die Kunden kauften am heutigen Tag verschiedene Dinge ein. Prüfen Sie, wie die Willenserklärungen der Kunden abgegeben wurden und notieren Sie eine

① für die mündliche Abgabe, eine

② für die schriftliche Abgabe oder eine

③ für die Abgabe durch schlüssiges Verhalten!

a) Georg Lehmann schickte die E-Mail um 08:45 Uhr. Um 09:30 Uhr wollte er die Artikel abholen. _____ ☐

b) Daniela Schmidt rief morgens an. Die Bestellung packten Sie um 10:30 Uhr in den Karton. _____ ☐

c) Benjamin Uhe kam herein, grüßte, griff die beiden Scheren und zahlte wortlos. _____ ☐

d)   Die alte Frau Thomann bat Sie, die Farbtöpfe auf den Tresen zu stellen und ins Auto zu bringen. _____ ☐

e)   Der Brief von Heiko Littringhausen erreichte Sie gerade noch rechtzeitig, um die Sendung zu frankieren und zur Post zu bringen. _____ ☐

Aufgabe 10

Entscheiden Sie, ob es sich um nichtige oder anfechtbare Willenserklärungen handelt. Notieren Sie eine

① bei Nichtigkeit,

② bei Anfechtbarkeit!

a)   Eine Fachkraft für Lagerlogistik findet in einer Kiste kleine Tüten mit Drogen und verkauft diese am Wochenende an Gäste auf einer Party. _____ ☐

b)   Ein Erpresser bekommt von einem Geschäftsmann dessen neuen Sportwagen ausgehändigt. Grundlage ist ein schriftlicher Kaufvertrag. _____ ☐

c)   Der fünfjährige Niko nimmt eine Tafel Schokolade als Geschenk des Nachbarn an. _____ ☐

d)   Der Mieter ruft beim Vermieter an und kündigt den Mietvertrag seiner Wohnung. _____ ☐

e)   Ein Käufer hat versehentlich eine falsche Menge in das Bestellformular eingetragen und dieses abgeschickt. _____ ☐

f)   Volltrunken bestellt ein Student in einem Weingeschäft vier Kisten Rotwein. _____ ☐

g)   In einem Grundstückskaufvertrag werden nur 75 % des eigentlichen Betrags eingetragen, um Grunderwerbsteuern zu sparen. _____ ☐

Aufgabe 11

Entscheiden Sie in den folgenden Fällen: Ist die Person

der Besitzer (Ziffer ①) oder

der Eigentümer (Ziffer ②)?

Notieren Sie eine ③ , wenn die Person Besitzer und Eigentümer zugleich ist!

a)   Ein Freund bekam von seinem Onkel einen alten Schaukelstuhl geschenkt. Er holte ihn gestern ab. _____ ☐

b)   Für eine Party leiht sich Ingos Nachbarin seine Zapfanlage. Sie ist ... _____ ☐

c)   Joachim nimmt das Fahrrad seines Bruders, um zur Bushaltestelle zu fahren. _____ ☐

d)   Joachims Bruder ist sauer, schließlich ist er der ... _____ ☐

e)   Wenn Kalle sein Handy an Lars verleiht, wird Lars ... _____ ☐

f)   Nach Rückgabe des Handys am nächsten Tag ist Kalle ... _____ ☐

7.2 Kaufvertrag

KOMPAKTWISSEN

7.2.1 Angebotsvergleich

Was ist ein Angebotsvergleich?
Liegen einem Betrieb verschiedene Angebote über gleichwertige Produkte vor, wird in der Einkaufsabteilung ein Angebotsvergleich durchgeführt, um die preisgünstigere Alternative zu ermitteln.

Grundlage ist die Bezugskalkulation:

	Listeneinkaufspreis (gemäß Angebot)
–	Liefererrabatt (gemäß Angebot)
=	Zieleinkaufspreis
–	Liefererskonto (für die rechtzeitige Zahlung)
=	Bareinkaufspreis
+	Bezugskosten (für die Transportabwicklung)
=	Bezugspreis/Einstandspreis

7.2.2 Abschluss des Kaufvertrags

Was ist ein Kaufvertrag?
In einem Kaufvertrag wird das Eigentum an einer Sache vom Verkäufer gegen Zahlung des Kaufpreises an den Käufer übertragen. Im Normalfall befindet sich die Sache beim Verkäufer, sodass nicht nur die Einigung über den Eigentumserwerb erfolgen muss, sondern auch die Übergabe. Für den Fall, dass die Sache bereits beim Käufer ist, genügt die bloße Einigung, dass das Eigentum auf ihn übergehen soll (s. Kap. 7.1.7 Eigentum/Besitz).
Der Kaufvertrag lässt sich in ein Verpflichtungsgeschäft und in ein Erfüllungsgeschäft aufspalten. Im Verpflichtungsgeschäft gehen die Beteiligten ein Schuldverhältnis ein.

7.2.3 Arten des Kaufvertrags

Welche Unterscheidungsmöglichkeiten gibt es bei den Kaufvertragsarten?
Kaufvertragsarten lassen sich nach verschiedenen Kriterien unterscheiden:

1. **nach dem Status der Beteiligten**

➤ **privater** oder **bürgerlicher Kauf**	Weder der Verkäufer noch der Käufer sind Kaufleute.
➤ **einseitiger Handelskauf**	Einer der Beteiligten ist Kaufmann.
➤ **zweiseitiger Handelskauf**	Beide Beteiligte sind Kaufleute.

2. nach dem Zahlungszeitpunkt

➤ **Kauf gegen Vorkasse**	Der Käufer muss den Kaufpreis im Voraus zahlen.
➤ **Barkauf**	Die Zahlung erfolgt sofort bei Übergabe der Ware.
➤ **Kauf gegen Rechnung**	Der Käufer zahlt nach Erhalt der Ware, die Rechnung liegt der Sendung bei, „die Ware ist sofort per Überweisung zu zahlen".
➤ **Zielkauf**	Dem Käufer wird ausdrücklich ein Zahlungsziel eingeräumt, z. B. „Zahlung bis zum 20. des nächsten Monats".
➤ **Ratenkauf**	Der Kaufpreis wird in gleichbleibenden Teilzahlungen entrichtet, z. B. „Zahlung in 20 Monatsraten".
➤ **Kommissionskauf**	Der Käufer kann nicht benötigte Ware an den Verkäufer zurückgeben. Dann erst wird die Abrechnung erstellt, z. B. bei Getränkelieferungen für ein Straßenfest: „Rückgabe nicht angebrochener Kästen möglich".

3. nach dem Lieferungszeitpunkt

➤ **Sofortkauf**	Die Ware wird sofort nach dem Kauf übergeben.
➤ **Terminkauf**	Die Ware wird innerhalb einer bestimmten Frist geliefert, z. B. „Lieferung innerhalb von 15 Tagen" oder „Lieferung bis 20. Juni".
➤ **Fixkauf**	Die Ware wird an einem genau bestimmten Datum geliefert, evtl. mit Zeitangabe, z. B. „Lieferung erfolgt am 17. Mai zwischen 8:00 und 11:00 Uhr".
➤ **Kauf auf Abruf**	Der Käufer bestimmt den Zeitpunkt der Lieferung. Die Ware steht beim Verkäufer bereit.

4. nach dem Kaufgegenstand

➤ **Stückkauf**	Der gekaufte Artikel existiert nur einmal, z. B. Anfertigung eines Hochzeitskleids.
➤ **Gattungskauf**	Von dem gekauften Artikel gibt es mehrere gleicher Art und Güte, z. B. DVDs, T-Shirts, Badehosen.
➤ **Kauf auf Probe**	Der Käufer hat das Recht, den gekauften Artikel innerhalb einer bestimmten Frist zurückzugeben, z. B. „bei Nichtgefallen Rücknahme des Artikels".
➤ **Kauf zur Probe**	Der Käufer erwirbt eine kleine Menge mit dem Ziel, bei Gefallen mehr Artikel zu kaufen. Beispiel: Ein Künstler kauft 2 Dosen einer neuen Farbe mit der Absicht, evtl. mehr zu kaufen.
➤ **Kauf nach Probe**	Der Verkäufer bietet eine Probe bzw. ein Muster an, das als Grundlage für weitere Bestellungen dienen wird, z. B. Lieferung von Probepackungen Schminke an eine Filmgesellschaft.

➤ **Bestimmungskauf (= Spezifikationskauf)**	Der Käufer entscheidet erst relativ kurz vor der Auslieferung über bestimmte Einzelheiten, z. B. Bestellung eines Autohändlers von 5 Lieferwagen eines bestimmten Modells, die Farben werden einen Monat vor Auslieferung ausgewählt.
➤ **Ramschkauf**	Gegenstand des Kaufvertrags ist eine Menge des Artikels, die ohne Qualitätszusicherungen gekauft wird, z. B. werden bei einer Wohnungsauflösung alle Bücher des Verstorbenen für 200,00 € verkauft.

7.2.4 Zustandekommen durch Antrag und Annahme – das Verpflichtungsgeschäft

Wie wird ein Kaufvertrag geschlossen?

Ein Kaufvertrag wird durch zwei übereinstimmende Willenserklärungen des Verkäufers und des Käufers geschlossen. Mehrere Alternativen sind denkbar, z. B.

	Antrag auf Abschluss des Kaufvertrags	Annahme durch Zustimmung
1. **Initiative durch den Verkäufer**	**Angebot** des Verkäufers mit Angaben über die Ware: Art, Güte, Beschaffenheit der Ware, Menge und Preis	**Bestellung** durch den Käufer
2. **Initiative durch den Käufer**	**Bestellung** des Käufers mit den entsprechenden Angaben	**Bestätigung/Lieferung** der bestellten Ware durch den Verkäufer

Was kennzeichnet den Antrag und die Annahme?

Der Antrag
- ➤ ist rechtlich bindend,
- ➤ kann befristet sein,
- ➤ ist an eine bestimmte Person gerichtet ,
- ➤ ist so formuliert, dass eine einfache Zustimmung (durch ein „Ja" oder schlüssiges Handeln) ausreicht.

Die Annahme
- ➤ bezieht sich auf den Antrag ohne Änderungen,
- ➤ muss innerhalb einer bestimmten Frist erfolgen: bis zum im Antrag enthaltenen Datum, ohne Datum bei mündlichen/telefonischen Anträgen während des Gesprächs, bei schriftlichen Anträgen innerhalb der Zeit, in der normalerweise eine Antwort erwartet werden darf,
- ➤ eine verspätete Annahme oder eine Annahme mit Änderungen gilt als neuer Antrag,
- ➤ muss ausdrücklich erfolgen. Schweigen von Nichtkaufleuten gilt als Ablehnung, bei Kaufleuten, die in Geschäftsbeziehungen stehen, als Zustimmung.

Beachte: Vor einem Antrag kann eine **Anfrage** des Käufers oder eine **Anpreisung** des Verkäufers erfolgt sein. Beide dienen der Information und sind **nicht rechtlich bindend.**

7.2.5 Leistungserbringung aus dem Kaufvertrag – das Erfüllungsgeschäft

Wie hängen Verpflichtungs- und Erfüllungsgeschäft beim Kaufvertrag zusammen?
Mit Abschluss eines Kaufvertrags einigen sich der Verkäufer und der Käufer über den Übergang des Eigentums an einer Sache gegen Bezahlung des Kaufpreises (Verpflichtungsgeschäft). Mit Übergabe und Bezahlung erfolgt dann die Eigentumsübertragung (Erfüllungsgeschäft).

Verpflichtungsgeschäft		Erfüllungsgeschäft	
Der Verkäufer ist verpflichtet, ➤ die Ware zu liefern, ➤ das Eigentum zu übertragen, ➤ den vereinbarten Kaufpreis entgegenzunehmen.	Der Käufer ist verpflichtet, ➤ die Ware anzunehmen, ➤ den vereinbarten Kaufpreis zu zahlen.	Der Verkäufer erfüllt den Kaufvertrag durch ➤ die Lieferung mangelfreier Ware gemäß Vertrag, ➤ die Übertragung des Eigentums.	Der Käufer erfüllt den Kaufvertrag durch ➤ die Annahme der Ware, ➤ die Kaufpreisübergabe.

7.2.6 Erfüllungsort

Was ist der Erfüllungsort?
Für die Erbringung der Leistungspflicht wird meist ein Erfüllungsort vereinbart. Falls nicht, gilt der gesetzliche Erfüllungsort, nämlich der jeweilige Wohn- oder Geschäftssitz des Pflichtigen.
Beachte: Warenschulden sind „Holschulden", d.h., i.d.R. ist der Transport Sache des Käufers. Geldschulden sind „Bringschulden" oder „Schickschulden", d.h., i.d.R. ist die Geldübermittlung Sache des Käufers. Als Käufer holt man die Ware und bringt das Geld.

7.2.7 Eigentumsvorbehalt

Was bewirkt ein Eigentumsvorbehalt?
Der Eigentumsvorbehalt ist eine Vereinbarung zwischen den Vertragspartnern, dass das Eigentum trotz erfolgter Lieferung erst an den Käufer übergeht, wenn der Verkäufer den Kaufpreis erhalten hat. Der Käufer nimmt die Ware in Besitz, wird jedoch nicht Eigentümer (einfacher Eigentumsvorbehalt).

7.2.8 Gutgläubiger Erwerb

Was ist unter dem gutgläubigen Erwerb zu verstehen?
Wenn eine Sache verkauft wird, die dem Verkäufer **nicht** gehört, kann der Käufer dennoch Eigentümer werden,

- ➤ wenn die Sache nicht abhanden kam (z. B. Diebstahl) und
- ➤ wenn der Käufer den Verkäufer für den rechtmäßigen Eigentümer hielt, d. h. in gutem Glauben über die Rechtmäßigkeit war.

7.2.9 Leistungsstörungen

Welche Leistungsstörungen können beim Kaufvertrag auftreten und welche Rechte hat der geschädigte Vertragspartner?	
Pflichtverletzungen durch den Verkäufer	**Pflichtverletzungen durch den Käufer**

Schlechtleistung (mangelhafte Lieferung)	Nicht-Rechtzeitig-Lieferung (Lieferungsverzug)	Annahmeverzug	Nicht-Rechtzeitig-Zahlung (Zahlungsverzug)
Auftreten eines Sachmangels innerhalb von zwei Jahren bei Neuwaren	Nichtlieferung trotz Mahnung bzw. Nichteinhaltung eines Liefertermins	Trotz ordnungsgemäßer Lieferung keine Annahme der Ware	Nichtzahlung am Zahlungstermin bzw. Nichtzahlung trotz Mahnung bzw. Nichtzahlung innerhalb von 30 Tagen nach Rechnungszugang

Ansprüche des Käufers

Vorrangiger Anspruch: Nacherfüllung durch den Verkäufer (= Mangelbeseitigung oder Neulieferung) **Nachrangiger Anspruch:** Falls die Mangelbeseitigung zweimal misslingt oder nach einer angemessenen Frist keine Neulieferung erfolgt bzw. der Verkäufer sie verweigert: a) Rücktritt vom Vertrag und ggf. Schadensersatz oder b) Minderung des Kaufpreises (Herabsetzung) und ggf. Schadensersatz	a) Nachträgliche Lieferung und ggf. Schadensersatz (wenn die Sache weiterhin benötigt wird) oder b) nach Ablauf einer gesetzten angemessenen Frist Rücktritt vom Vertrag und ggf. Schadensersatz (wenn die Sache nicht mehr benötigt wird)

Ansprüche des Verkäufers

a) Bei Nichtannahme kann der Verkäufer die Ware auf Kosten des Käufers hinterlegen (lagern) oder b) einen Selbsthilfeverkauf (öffentliche Versteigerung), z. B. bei verderblichen Waren, durchführen. Mehrerlöse gehen an den Käufer, Mindererlöse muss der Käufer erstatten	Der Verkäufer hat Anrecht auf Zahlung des Kaufpreises zuzüglich a) Erstattung der Mahnkosten zuzüglich b) Verzugszinsen (Basiszinssatz des BGB + 5 % p. a. bei Nichtkaufleuten bzw. Basiszinssatz + 8 % p. a. bei Kaufleuten)

7.2.10 Allgemeine Geschäftsbedingungen (AGB)

Wozu dienen allgemeine Geschäftsbedingungen (AGB)?

Die allgemeinen Geschäftsbedingungen (AGB) eines Betriebes dienen dazu,
- häufig wiederkehrende Abläufe zu standardisieren,
- Abläufe zu vereinfachen,
- Vorformulierungen für Verträge anzubieten,
- das eigene Unternehmen in den Vertragsverhandlungen zu stärken.

Die festgelegten Inhalte werden im Kaufvertrag durch einen Hinweis wie „es gelten die derzeit gültigen Allgemeinen Geschäftsbedingungen" oder „die Allgemeinen Geschäftsbedingungen sind Bestandteil dieses Vertrags" von beiden Vertragspartnern in den Kaufvertrag aufgenommen.

Selbstverständlich können AGB auch für Lagerverträge oder Mietverträge formuliert sein.

Was könnte in den AGB festgelegt sein?

Beispiele für Vertragsinhalte oder Bereiche in den AGB sind:
- Zahlungsbedingungen (insbesondere Fristen),
- Lieferbedingungen,
- Gerichtsstand,
- Formulare,
- Vorschriften,
- Beförderungskosten,
- Verpackungskosten,
- Eigentumsvorbehalt
- u. a.

Was sieht das BGB zum Schutz der Verbraucher bei allgemeinen Geschäftsbedingungen vor?

Damit ein Verbraucher nicht durch die AGB eines Anbieters benachteiligt wird, schreibt das BGB unter anderem folgende Regelungen vor:
- Kunden müssen auf die AGB hingewiesen werden.
- Kunden müssen den AGB zustimmen.
- Individuelle Absprachen haben Vorrang.
- Überraschende, mehrdeutige Klauseln gelten nicht.
- Unangemessene Benachteiligung des Kunden ist nicht erlaubt.
- U. a.

PRÜFUNGSTRAINING

Situation für die Aufgaben 1 – 3

Sie sind als Aushilfe in der Einkaufsabteilung der Wierichs-Gartenartikel KG, Kassel, eingesetzt. Dort liegen verschiedene Angebote vor.

Aufgabe 1

Berechnen Sie den Bezugspreis für die Lieferung von Waren, die zum Listeneinkaufspreis von 3 200,00 € angeboten werden. Es wird ein Treuerabatt von 20 % gewährt und Skonto von 2 %. Die Bezugskosten betragen 175,00 €.

Aufgabe 2

Wie hoch ist der Bezugspreis für 6 kg einer Ware, wenn folgende Angaben zu berücksichtigen sind:

1 500 kg zum Listeneinkaufspreis von 3,10 € je kg, Bezugskosten pro 100 kg 4,00 € und Skonto von 2,5 %?

Aufgabe 3

Ein Großhändler bietet 1,3 t einer Ware zum Einkaufspreis von 2 934,00 € an. An Preisnachlässen werden Jubiläumsrabatt (15 %) und Skonto (3 %) eingeräumt. An Bezugskosten fallen an: Fracht 174,30 € und Transportversicherung 20,12 €.

a) Berechnen Sie den Bezugspreis für die gesamte Sendung!

b) Berechnen Sie den Bezugspreis für 1 kg der Ware!

Aufgabe 4

Welche Kaufverträge liegen vor? Unterscheiden Sie nach dem Status der Beteiligten zwischen

① zweiseitigem Handelskauf

② einseitigem Handelskauf und

③ bürgerlichem Kauf

und notieren Sie die entsprechenden Ziffern!

a) Ein Einzelhändler bestellt beim Großhändler benötigte Waren. _____ ☐

b) Ein Berufsschüler kauft auf dem Weg zur Berufsschule für sich
und vier Freunde 10 Brötchen in einer Bäckerei. _____ ☐

c) Ein Computerhersteller verkauft Schreibtische an eine Versicherung. _____ ☐

d) Eine angestellte Fachkraft für Lagerlogistik verkauft ihren Wagen an einen Freund. _____ ☐

e) Der Vorstandsvorsitzende der Stahl Aktiengesellschaft Bochum kauft
für seinen Sohn ein Fahrrad als Geburtstagsgeschenk. _____ ☐

f) Ein Umzugsunternehmen erwirbt einen Lastwagen vom Hersteller. _____ ☐

10 Hummel u.a.-ISBN 978-3-8120-0598-2

Aufgabe 5

Welche Kaufverträge liegen vor? Unterscheiden Sie nach dem Zahlungszeitpunkt zwischen

① Kauf gegen Vorkasse

② Barkauf

③ Kauf gegen Rechnung

④ Zielkauf

⑤ Ratenkauf

⑥ Kommissionskauf

und notieren Sie die entsprechenden Ziffern!

a) Es wird vereinbart, dass der Kiosk die nicht verkauften Zeitschriften am Monatsende an den Verlag zurückgeben kann. Dann erst erfolgt die Abrechnung und später die Belastung seines Kontos. _____ ☐

b) Der Lieferung des Großhändlers wird die Rechnung beigelegt. Es ist sofort zu überweisen. _____ ☐

c) Für die Erstellung eines Spezialwerkzeugs wird im Kaufvertrag vereinbart, dass der Käufer die gesamte Summe vor Beginn der Produktion überweist. _____ ☐

d) Im Supermarkt nimmt der Kunde das Gemüse und bezahlt es an der Kasse. _____ ☐

e) Der Großbildschirm wird in 24 gleichbleibenden Raten abbezahlt. _____ ☐

f) Nach Anfertigung der Musterformen soll der Empfänger innerhalb von 20 Tagen zahlen. _____ ☐

Aufgabe 6

In einem Kaufvertrag wird am 26.01. vereinbart, dass die Lieferung am 9. Mai erfolgen soll. Welches ist der richtige Begriff dieses Kaufvertrags nach der Bestimmung der Lieferzeit?

① Fixkauf

② Kauf auf Abruf

③ Sofortkauf

④ Bestimmungskauf

⑤ Zielkauf

Tragen Sie die Ziffer vor der korrekten Bezeichnung in das folgende Kästchen ein! _____ ☐

Aufgabe 7

Welche Kaufverträge liegen vor? Unterscheiden Sie nach dem Kaufgegenstand zwischen

① Stückkauf

② Gattungskauf

③ Kauf auf Probe

④ Kauf zur Probe

⑤ Kauf nach Probe

⑥ Bestimmungskauf (Spezifikationskauf)

und notieren Sie die entsprechenden Ziffern!

a) Der Kunde erwirbt ein Gemälde einer Küstenlandschaft. _____ ☐

b) In diesem Kaufvertrag werden der Gegenstand und die Gesamtmenge festgelegt. Die Form und die Farbe werden später bestimmt. _____ ☐

c) Der Verkäufer verkauft die Ware mit der Zusage, dass innerhalb von 14 Tagen
die Ware zurückgegeben werden könnte. _____ ☐

d) Hier wird vereinbart, dass zunächst 5 Flaschen einer Fitnesslimonade
zu je 0,5 Liter zum halben Preis an eine Gastwirtschaft geliefert werden.
Aufgrund der festgestellten Produktqualität würden dann weitere Bestellungen
zum vollen Preis getätigt. _____ ☐

e) Eine Käuferin kauft im Kaufhaus zwei Paar Strumpfhosen. _____ ☐

Aufgabe 8

Entscheiden Sie, in welchen Fällen

① ein Antrag auf Abschluss eines Kaufvertrags durch den Verkäufer,

② ein Antrag auf Abschluss eines Kaufvertrags durch den Käufer,

③ eine Annahme durch den Verkäufer,

④ eine Annahme durch den Käufer,

⑤ eine unverbindliche Anfrage bzw. Anpreisung

dargestellt ist! Notieren Sie die jeweils zutreffende Ziffer!

a) Eine Fachkraft für Lagerlogistik erkundigt sich schriftlich
bei einem Computergeschäft nach dem neusten Betriebssystem. _____ ☐

b) Ein Restaurantbesitzer bestellt per Fax zwei Kisten Weißwein „2011er Silvaner"
à 24,50 € bei einem Weingut. _____ ☐

c) Der Winzer aus (b) antwortet nicht auf das Fax, sondern liefert am nächsten Tag. _____ ☐

d) Der Eisverkäufer schreibt auf die Tafel mit Kreide: „Heute zwei Kugeln
zum Preis von einer!" _____ ☐

e) Ein Lagerhalter erhält ein Angebotsschreiben eines Palettenhändlers
über 70-EUR-Paletten zu den gleichen Konditionen wie im letzten Quartal. _____ ☐

f) Der Lagerhalter bestellt aufgrund des Schreibens aus (e)
70 Paletten zu den angegebenen Bedingungen. _____ ☐

Aufgabe 9

Stellen Sie fest, welcher Sachverhalt

① zutreffend oder

⑨ nicht zutreffend

ist!

a) Die Übertragung des Eigentums erfolgt in der Regel durch Einigung und Übergabe. ___ ☐

b) Mit dem Eigentumsvorbehalt behält sich der Verkäufer das Eigentum
an der gelieferten Ware bis zur vollständigen Bezahlung vor._____ ☐

c) Durch einen Eigentumsvorbehalt bekommt der Käufer
die rechtliche Gewalt über die Sache. _____ ☐

d) Ein Käufer erwirbt in der Regel das Eigentum an gestohlenen Waren
durch gutgläubigen Erwerb. _____ ☐

e) Mit Annahme der Ware und Zahlung des Kaufpreises
erfüllt der Käufer seine Pflichten._____ ☐

Aufgabe 10

Bei der Beschaffung von Gütern für Ihren Betrieb kann es vorkommen, dass sowohl durch den Lieferanten als auch durch Ihren Betrieb die Kaufverträge nicht korrekt erfüllt werden.

Stellen Sie fest, welche Aussagen sich auf die Leistungsstörungen beziehen und notieren Sie die zutreffende Ziffer!

① Schlechtleistung (mangelhafte Lieferung)

② Nicht-Rechtzeitig-Lieferung (Lieferungsverzug)

③ Annahmeverzug

④ Nicht-Rechtzeitig-Zahlung (Zahlungsverzug)

a) Einer Ihrer Kunden hat seine Rechnung noch nicht beglichen. _____ ☐

b) Sie erhalten defekte Bildschirme. _____ ☐

c) Ihr Lieferant kann den zugesagten Termin nicht einhalten. _____ ☐

d) Sie berechnen einem Kunden Mahngebühren und Verzugszinsen. _____ ☐

e) Freitagnachmittag war Ihr Wareneingang nicht besetzt. Der Frachtführer musste am Montag erneut anfahren. _____ ☐

f) Sie fordern den Großhändler auf, die fehlenden Artikel schnellstmöglich nachzuliefern. _____ ☐

Aufgabe 11

Eine Lieferung an die Mallmann-Druckerei OHG, Magdeburg, sollte 16 Paletten mit hochwertigem Papier umfassen. Als die Fachkraft für Lagerlogistik die Sendung annimmt, stellt sie fest, dass zwei Paletten mit Kartons nass geworden sind. Dieses wird auf dem Lieferschein vermerkt. Bei der vollständigen Wareneingangsprüfung wird festgestellt, dass das Papier aus den nassen Kartons unbrauchbar ist.

Als Käufer hat die Mallmann-Druckerei verschiedene Rechte. Was sollte nun getan werden? Notieren Sie

a) die Ziffer für die Maßnahme, die zunächst eingeleitet werden sollte (vorrangiges Recht) und

b) die Ziffer für eine mögliche spätere Maßnahme (nachrangiges Recht)!

Die Mallmann-Druckerei OHG kann

① sofort die gesamte Lieferung zurückschicken und Schadensersatz verlangen.

② eine Ersatzlieferung beantragen.

③ Verzugszinsen in Höhe von 8% über dem Basiszinssatz verlangen.

④ einen Selbsthilfeverkauf (öffentliche Versteigerung) durchführen.

⑤ nach einer angemessenen Frist vom Kaufvertrag zurücktreten, wenn keine Nachlieferung möglich ist.

⑥ die Mahnkosten erstatten lassen.

⑦ den Kaufpreis heraufsetzen.

Lösungen zu

a) Vorrangiges Recht _____ ☐

b) Nachrangiges Recht _____ ☐

Aufgabe 12

Prüfen Sie, ob die aufgeführten Beispiele für AGB eines Lagerhalters wirksam sein können. Begründen Sie Ihre Meinung!

Notieren Sie eine

① für wirksame AGB

⑨ für unwirksame AGB!

a) „Mit Einlagerung von Waren bei uns stimmen Sie als Einlagerer zu, dass wir die Ware zu jedem Zeitpunkt verkaufen können und Ihnen den Kaufpreis gutschreiben." _____ ☐

b) „Sollten bei der Anlieferung der Ware Schäden an der Ware auffallen, müssen Sie sich als Empfänger innerhalb von 7 Tagen bei unserem Frachtführer melden. Andernfalls gelten die Waren als angenommen. Transportschäden können nicht mehr geltend gemacht werden." _____ ☐

c) „Mangelhafte Ware wird auf Ihre Kosten (Empfänger) an uns gesendet." _____ ☐

d) „Gestiegene Kosten für Energie, Personal oder Telekommunikation werden nachträglich in den Lagervertrag aufgenommen und dem Einlagerer belastet." _____ ☐

e) „Die Besichtigung der Ware kann nur während der üblichen Geschäftszeiten erfolgen. Außerhalb dieser Zeiten sind Termine nur mit der Geschäftsführung abzustimmen." _____ ☐

Aufgabe 13

Welche der unten stehenden Aussagen zu allgemeinen Geschäftsbedingungen treffen zu? Notieren Sie eine

① für richtige Aussagen

⑨ für falsche Aussagen!

a) Allgemeine Geschäftsbedingungen können nur Bestandteil des Vertrags werden, wenn der Betrieb diese seiner Willenserklärung in schriftlicher Form beilegt. _____ ☐

b) Mehrdeutige Formulierungen in AGB werden nicht Bestandteil des Vertrags. _____ ☐

c) Allgemeine Geschäftsbedingungen gelten stets, auch wenn individuelle Vertragsabsprachen anders lauten. _____ ☐

d) AGB können nur gelten, wenn beide Vertragspartner einverstanden sind. _____ ☐

e) Widerspricht der Vertragspartner, sind die AGB nicht Bestandteil des Vertrags. _____ ☐

f) Auch wenn ein Vertragspartner unangemessen benachteiligt wird, gelten die AGB des Verwenders. _____ ☐

7.3 Unternehmensformen[1]

KOMPAKTWISSEN

7.3.1 Einführung

Wie können die verschiedenen Unternehmensformen unterschieden werden?
Unternehmensformen lassen sich unter anderem nach allgemeinen Merkmalen, der Gründung, Vorschriften über das Mindestkapital, Mindestinhalte bei der Bezeichnung (Firma), gesetzlichen Regelungen bzgl. der Geschäftsführung, der Vertretung nach außen, der Haftung, der Gewinnverteilung und den Auflösungsgründen unterscheiden. Zudem haben Kapitalgesellschaften Organe, bei Personengesellschaften findet man diese nicht.

7.3.2 Einzelunternehmung

Wie wird die Einzelunternehmung beschrieben?	
Die Einzelunternehmung lässt sich durch folgende Merkmale beschreiben:	
Merkmal	**Einzelunternehmung**
allgemeine Merkmale	➤ natürliche Person ➤ Einzelkaufmann ➤ meist Kleingewerbe, z. B. Kiosk, Handwerksbetriebe
Gründung	➤ formfrei ➤ durch eine Person ➤ entsteht bereits mit Aufnahme der werbenden Tätigkeit nach außen
Mindestkapital	nicht vorgeschrieben
Mindestinhalte bei der Bezeichnung (Firma)	bei Eintragung ins Handelsregister mit dem Zusatz e. K., e. Kfm., e. Kfr. (eingetragener Kaufmann/Kauffrau)
Geschäftsführung (Innenverhältnis)	der Inhaber ist zur Geschäftsführung berechtigt und verpflichtet
Vertretungsbefugnis (Außenverhältnis)	der Inhaber ist zur Vertretung berechtigt und verpflichtet

[1] Die Begriffe *Betrieb* und *Unternehmen* werden im Alltag häufig austauschbar und gleichbedeutend verwendet. Es ist aus der Betriebswirtschaftslehre heraus jedoch wichtig, den Betrieb als Produktionsstätte und das Unternehmen als übergeordnete Planungs-, Finanz- und Rechtsorganisation zu unterscheiden. In einem Unternehmen können mehrere Betriebe (Produktions- oder Lagerstätten) planerisch koordiniert und zusammengeführt werden.
Die Betriebswirtschaftslehre unterscheidet zudem die Begriffe *Unternehmen* und *Unternehmung*. In diesem Buch soll nicht ausführlich auf die wissenschaftliche Diskussion eingegangen werden, allerdings soll an dieser Stelle darauf hingewiesen werden, dass es für die Zielsetzung dieses Prüfungsvorbereitungsbuches nicht von Bedeutung ist, ob es sich um *Unternehmen* oder *Unternehmungen* handelt. Daher werden beide Begriffe verwendet.

Haftung	unbeschränkt mit dem Betriebs- und Privatvermögen
Gewinnverteilung	Gewinne stehen dem Einzelkaufmann allein zu
Auflösungsgründe	nach Entscheidung des Inhabers
Organe	keine Organe

7.3.3 Personengesellschaften – OHG, KG

Wie werden die Personengesellschaften OHG und KG beschrieben?		
Die Personengesellschaften lassen sich durch folgende Merkmale beschreiben:		
Merkmal	**Offene Handelsgesellschaft (OHG)**	**Kommanditgesellschaft (KG)**
allgemeine Merkmale	➤ Personenhandelsgesellschaft nach dem HGB ➤ Betrieb eines Handelsgewerbes ➤ unbeschränkte Haftung der Gesellschafter ➤ Besonderheit: Die OHG ist eine „quasi-juristische Person", d.h., sie kann sämtliche Geschäfte durchführen, z.B. Eigentum erwerben, Verträge abschließen, hat aber keine eigene Rechtspersönlichkeit, Forderungen sind gegen nur einen Gesellschafter einklagbar	➤ Personenhandelsgesellschaft nach dem HGB ➤ Betrieb eines Handelsgewerbes ➤ unbeschränkte Haftung mindestens eines Gesellschafters (sog. Komplementär) ➤ beschränkte Haftung mindestens 1 Gesellschafters (sog. Kommanditist) ➤ „quasi-juristische" Person
Gründung	➤ formfrei ➤ Gesellschaftsvertrag zwischen zwei und mehr Personen ➤ entsteht mit dem Zeitpunkt der Geschäftsaufnahme, spätestens mit Eintragung ins Handelsregister A	
Kapital	es ist kein Mindestkapital vorgeschrieben	
Firma	Bezeichnung des Unternehmens (Firma) mit Zusatz OHG	Bezeichnung des Unternehmens (Firma) mit Zusatz KG
Geschäftsführung (Innenverhältnis)	➤ ein Geschäftsführer lt. Vertrag oder durch die Gesellschafter jeweils allein (Einzelgeschäftsführungsbefugnis) ➤ Widerspruchsrecht jedes einzelnen Gesellschafters ➤ bei außergewöhnlichen Geschäften ist die Zustimmung aller Gesellschafter notwendig	➤ jeder Komplementär entscheidet allein (Einzelgeschäftsführungsbefugnis) ➤ Kommanditisten haben Kontroll- und Widerspruchsrecht ➤ bei außergewöhnlichen Geschäften ist die Zustimmung aller Komplementäre einzuholen

Vertretungsbefugnis (Außenverhältnis)	➤ jeder Gesellschafter allein	➤ jeder Komplementär allein
Gewinnverteilung	gesetzliche Regelung (vertraglich änderbar): ➤ 4 % auf die Kapitaleinlage ➤ Restgewinn und Verluste sind nach Köpfen abzurechnen	gesetzliche Regelung (vertraglich änderbar): ➤ 4 % auf die Kapitaleinlage ➤ Restgewinn und Verluste sind in einem angemessenen Verhältnis aufzuteilen
Haftung	jeder Gesellschafter haftet ➤ unbeschränkt mit dem Gesellschafts- und Privatvermögen ➤ solidarisch für andere Gesellschafter mit ➤ unmittelbar für die ganze Forderung	jeder Komplementär haftet wie bei der OHG ➤ unbeschränkt mit dem Gesellschafts- und Privatvermögen ➤ solidarisch für andere Gesellschafter mit ➤ unmittelbar für die ganze Forderung Kommanditisten haften nur mit ihrer Einlage
Auflösungsgründe	➤ Gesellschafterbeschluss ➤ Vertragsablauf ➤ Insolvenzeröffnung über das Vermögen der Gesellschaft	
Organe	keine Organe	

7.3.4 Kapitalgesellschaften – GmbH, AG

Wie werden die Kapitalgesellschaften GmbH und AG beschrieben?		
Die Kapitalgesellschaften lassen sich durch folgende Merkmale beschreiben:		
Merkmal	Die Gesellschaft mit beschränkter Haftung (GmbH)	Die Aktiengesellschaft (AG)
allgemeine Merkmale	➤ Kapitalgesellschaft nach dem GmbH-Gesetz mit eigener Rechtspersönlichkeit (juristische Person) ➤ zu jedem Zweck errichtbar ➤ die Gesellschafter erwerben Geschäftsanteile (Stammeinlage) ➤ sie sind an der GmbH beteiligt und haften maximal in Höhe der Einlage	➤ Kapitalgesellschaft nach dem Aktiengesetz mit eigener Rechtspersönlichkeit (juristische Person) ➤ zu jedem Zweck errichtbar ➤ die Aktionäre erwerben Aktien (Anteil am Grundkapital) ➤ sie sind an der AG beteiligt und haften maximal in Höhe ihrer Aktien

Gründung	➤ Formvorschrift: notarielle Beurkundung des Gesellschaftsvertrags (GmbH)/der Satzung (AG) ➤ ein und mehr Personen ➤ entsteht mit Eintragung ins Handelsregister B	
Mindestkapital	➤ mind. 25 000,00 € als Stamm-kapital (gezeichnetes Kapital, Ausnahme: Unternehmer-gesellschaft [UG])* ➤ der Nennbetrag jedes Geschäftsanteils muss auf volle Euro lauten	➤ mind. 50 000,00 € als Grund-kapital (gezeichnetes Kapital) ➤ Aktiennennwert 1,00 € oder nennwertlose Stückaktien
Firma (Mindest-inhalt)	Zusatz: GmbH	Zusatz: AG
Geschäftsführung (Innenverhältnis)	es wird ein Geschäftsführer zur Geschäftsführung bestellt, ggf. mehrere (in Gesamtgeschäftsfüh-rungsbefugnis)	die Geschäftsführung wird durch den bestellten Vorstand wahrgenommen (in Gesamt-geschäftsführungsbefugnis)
Vertretungs-befugnis (Außenverhältnis)	der/die Geschäftsführer	alle Vorstandsmitglieder gemeinsam
Gewinnverteilung	gesetzliche Regelung (vertraglich änderbar): ➤ Gewinne sind im Verhältnis der Geschäftsanteile zu verteilen	im Verhältnis der Aktien wird eine Gewinnbeteiligung (Dividende) ausgeschüttet
Haftung	➤ Gesellschaftsvermögen ➤ Gesellschafter haften nur mit ihrer Stammeinlage	➤ Gesellschaftsvermögen ➤ Aktionäre haften nur mit ihrer Aktieneinlage
Organe	in einer GmbH gibt es drei Organe: ➤ einen oder mehrere durch die Gesellschafter bestellte Geschäftsführer ➤ den Aufsichtsrat als Über-wachungsorgan ➤ die Gesellschafterversamm-lung als Interessenversamm-lung der Gesellschafter und beschlussfassendes Organ	in einer AG gibt es drei Organe: ➤ einen durch den Aufsichtsrat bestellten Vorstand ➤ den Aufsichtsrat als Über-wachungsorgan ➤ die Hauptversammlung als Interessenversammlung der Aktionäre und beschluss-fassendes Organ
Auflösungsgründe	➤ Ablauf der vereinbarten Dauer ➤ Gesellschafterbeschluss (¾ Mehrheit der abgegebenen Stimmen) ➤ Insolvenzeröffnung	➤ Ablauf der vereinbarten Dauer ➤ Hauptversammlungs-beschluss (¾ Mehrheit der abgegebenen Stimmen) ➤ Insolvenzeröffnung

* Die Unternehmergesellschaft (UG) ist eine Sonderform der GmbH, die u. a. über ein geringeres Stammkapital verfügen kann und daher besonders gekennzeichnet (z. B. „UG [haftungsbeschränkt]") sein muss.

7.3.5 Eingetragene Genossenschaft (eG)

Wie wird die eingetragene Genossenschaft (eG) beschrieben?	
Die Genossenschaft lässt sich durch folgende Merkmale beschreiben:	
Merkmal	**Genossenschaft**
allgemeine Merkmale	➤ Gesellschaft zur Förderung ihrer Mitglieder (Genossen) nach dem Genossenschaftsgesetz ➤ die Genossen sind mit ihrem Geschäftsguthaben an der eG beteiligt und haften beschränkt
Gründung	➤ mindestens drei Personen ➤ Formvorschrift: Schriftform des Statuts ➤ Entstehung mit Eintrag in das Genossenschaftsregister
Mindestkapital	es ist kein Mindestkapital vorgeschrieben
Firma (Mindestinhalt)	Zusatz eG
Geschäftsführung (Innenverhältnis)	die bestellten Vorstandsmitglieder vertreten die eG gemeinsam (Gesamtgeschäftsführungsbefugnis)
Vertretungsbefugnis (Außenverhältnis)	alle Vorstandsmitglieder gemeinsam
Gewinnverteilung	Gewinne werden im Verhältnis der Geschäftsguthaben ausgeschüttet
Haftung	➤ Gesellschaftsvermögen ➤ Genossen haften mit ihren Geschäftsanteilen
Organe	in einer Genossenschaft gibt es drei Organe: ➤ einen Vorstand mit mindestens zwei Mitgliedern ➤ den Aufsichtsrat als Überwachungsorgan ➤ die Generalversammlung als Interessenversammlung der Genossen
Auflösungsgründe	➤ Ablauf der vereinbarten Dauer ➤ Generalversammlungsbeschluss (¾ Mehrheit der anwesenden Mitglieder) ➤ Insolvenzeröffnung

PRÜFUNGSTRAINING

Aufgabe 1

Sie überlegen, sich mit einem Lager selbstständig zu machen und Kunden mit Logistikleistungen im Lager-, Verpackungs- und Versandbereich zu betreuen. Sie könnten sich vorstellen, eine Einzelunternehmung oder eine GmbH zu gründen.

Stellen Sie fest, welcher der nachfolgenden Gründe für eine Einzelunternehmung spräche!

① In einer Einzelunternehmung ist ein Aufsichtsrat vorgesehen, der riskante Geschäfte überwacht und gegensteuern kann.

② Die Einzelunternehmung benötigt ein Mindestkapital von 50 000,00 €, wodurch die Kreditwürdigkeit der Einzelunternehmung steigt.

③ Generell ist immer zuerst eine Einzelunternehmung zu gründen, bevor über weitere Alternativen nachgedacht werden kann.

④ Die Gründung einer Einzelunternehmung ist einfacher und damit kostengünstiger.

⑤ Bei der Einzelunternehmung ist die Haftung des Lagerunternehmens auf das Betriebsvermögen beschränkt.

Tragen Sie die Ziffer vor der korrekten Antwort ins Kästchen ein! _____ ☐

Aufgabe 2

In der Kleinmann OHG sind 140 000,00 € Gewinn auf vier Gesellschafter zu verteilen. Jeder erhält vorab 10% auf seinen Kapitalanteil, der Restgewinn wird nach Köpfen auf die vier Gesellschafter verteilt. Ermitteln Sie den Betrag, den Gesellschafter Dorn insgesamt erhält!

Die Gesellschafter sind wie folgt an der OHG beteiligt:

Ackermann mit 150 000,00 €	Brünner mit 70 000,00 €	Christ mit 80 000,00 €	Dorn mit 100 000,00 €

Aufgabe 3

Im letzten Geschäftsjahr hat die Getränke Süd KG 500 000,00 € Gewinn erzielt. Diese Summe ist nach den gesetzlichen Regeln auf die beiden Komplementäre Ehrlicher und Flemming sowie auf die Kommanditisten George und Haferkamp zu verteilen. Ermitteln Sie den Betrag, den der Komplementär Flemming insgesamt erhält!

Die Gesellschafter sind wie folgt an der KG beteiligt:

Ehrlicher mit 1 000 000,00 €	Flemming mit 600 000,00 €	George mit 200 000,00 €	Haferkamp mit 200 000,00 €

Aufgabe 4

Bei welcher der nachfolgenden Unternehmensformen muss ein gesetzlich vorgeschriebenes Mindestkapital vorhanden sein?

① Offene Handelsgesellschaft (OHG)
② Kommanditgesellschaft (KG)
③ Gesellschaft mit beschränkter Haftung (GmbH)
④ Eingetragene Genossenschaft (eG)
⑤ Einzelunternehmen (e.K.)

Tragen Sie die Ziffer vor der korrekten Unternehmensform ins Kästchen ein! _____ ☐

Aufgabe 5

Welche der nachfolgenden Unternehmen nehmen als quasi-juristische Personen am Wirtschaftsleben teil?

① Raiffeisenbank Unterweser eG
② Kohlenhandlung Schwarz KG
③ Emsland Druck AG
④ Supermarkt Oettinger e.K.
⑤ Getreidelager Kornblum OHG
⑥ Schlei-Yachtbau GmbH

Tragen Sie die Ziffern vor den beiden korrekten Unternehmensformen in die Kästchen ein! _____ ☐ ☐

Aufgabe 6

Welche Aussagen treffen auf die jeweiligen Unternehmensformen zu? Notieren Sie die jeweilige Ziffer!

① Einzelunternehmung

② OHG

③ KG

④ GmbH

⑤ AG

⑥ eG

a) Das Grundkapital beträgt mindestens 50 000,00 €. _____ ☐

b) Es muss mindestens zwei Vorstandsmitglieder geben. _____ ☐

c) Der einzige Inhaber vertritt die Unternehmung in allen Geschäftslagen. _____ ☐

d) Die Gesellschaft hat stets die Organe Vorstand, Aufsichtsrat und Hauptversammlung._ ☐

e) Sie wird auch „die kleine AG" genannt, weil sie die Kapitalgesellschaft mit dem geringeren Kapital ist. _____ ☐

f) Die Kommanditisten haben ihre Haftungsrisiken auf ihre Einlagen beschränkt._____ ☐

g) Jeder Gesellschafter haftet unmittelbar, solidarisch und unbeschränkt. _____ ☐

Aufgabe 7

In einem Handelsregisterauszug sind folgende Eintragungen zu lesen:

> ➤ HRA 22364   27. Mai 20 . .
> ➤ Gerstenrath Großhandel OHG, Kassel, Wilhelmshöher Hauptstraße 224.
> ➤ Persönlich haftende Gesellschafter sind Wolfgang Gerstenrath, Kassel, Xaver Unruh, Kassel.
> ➤ Die persönlich haftenden Gesellschafter vertreten die Gesellschaft gemeinsam.

Welche der nachfolgenden Aussagen ist korrekt?

① Herr Gerstenrath und Herr Unruh haften jeweils unmittelbar für die gesamten Verbindlichkeiten der OHG.

② Die solidarische Haftung der Herren Gerstenrath und Unruh ist nicht möglich.

③ Herr Gerstenrath und Herr Unruh haften nur mit dem Gesellschaftsvermögen gegenüber Gläubigern.

④ Nur Herr Gerstenrath haftet gegenüber Gläubigern.

⑤ Die Haftungsansprüche können nur gegen die Gerstenrath Großhandel OHG, Kassel, geltend gemacht werden.

Tragen Sie die Ziffer von der korrekten Aussage in das Kästchen ein! _____ ☐

Aufgabe 8

Notieren Sie, wie viele Gesellschafter zur Gründung einer GmbH mindestens gesetzlich vorgeschrieben sind! _____ ☐

Aufgabe 9

Ihr Patenonkel schenkt Ihnen 500,00 €, weil er in der letzten Woche Dividendenzahlungen erhalten hat. Wofür bekam er das Geld? Notieren Sie die zutreffende Ziffer!

① Er ist Gesellschafter einer GmbH.

② Er ist befördert worden und hat eine Prämie erhalten.

③ Er erhielt die Einkommensteuerrückzahlung vom Finanzamt.

④ Er hält Aktien an einer Aktiengesellschaft.

⑤ Er bekam jährliche Zahlungen aus seiner Lebensversicherung.

Tragen Sie die Ziffer vor der zutreffenden Antwort in das Kästchen ein! _____ ☐

Aufgabe 10

In der Karlsgraf AG gibt es verschiedene gesetzlich vorgeschriebene Organe.

① Gesellschafterversammlung

② Vorstand

③ Betriebsversammlung

④ Hauptversammlung

⑤ Personalrat

⑥ Aufsichtsrat

⑦ Betriebsrat

Notieren Sie die Ziffern der drei Organe der Aktiengesellschaft! _____ ☐ ☐ ☐

7.4 Unternehmenszusammenschlüsse

KOMPAKTWISSEN

7.4.1 Ziele von Unternehmenszusammenschlüssen

Welche Ziele verfolgen Unternehmen, die sich zusammenschließen?	
➤ Steigerung der eigenen Gewinne ➤ Ausbau der bisherigen Marktstellung bzw. Marktmacht ➤ Markteintritt in einen bisher nicht besetzten Markt ➤ Transfer von Know-how	➤ Kostensenkung durch sog. Synergieeffekte ➤ Senkung des Risikos durch Erweiterung der Geschäftsaktivitäten ➤ Einflussnahme auf den Wettbewerb ➤ Einflussnahme auf andere Unternehmen

7.4.2 Formen von Unternehmenszusammenschlüssen

Welche Formen von Unternehmenszusammenschlüssen werden unterschieden?

Es werden drei Arten unterschieden, je nachdem, in welcher Produktionsstufe die beteiligten Unternehmen tätig sind:

➤ **horizontale Zusammenschlüsse:** Unternehmen der gleichen Produktionsstufe schließen sich zusammen, z.B. zwei Speditionen,

➤ **vertikale Zusammenschlüsse:** Unternehmen aus aufeinanderfolgenden Produktionsstufen schließen sich zusammen, z.B. ein Hersteller von Sportschuhen mit einem Einzelhändler für Sportbekleidung,

➤ **diagonale Zusammenschlüsse (= anorganische Zusammenschlüsse):** Unternehmen aus voneinander unabhängigen Produktionsstufen schließen sich zusammen, z.B. ein Chemieunternehmen, eine Bank, ein Reiseunternehmen.

7.4.3 Arten von Unternehmenszusammenschlüssen

Welche Arten der Unternehmenszusammenschlüsse werden unterschieden?

Es werden zwei Arten unterschieden, je nachdem, ob eine Kapitalbindung vorliegt:

Kooperation von Unternehmen	Konzentration von Unternehmen
➤ Zusammenschluss von Unternehmen **ohne Kapitalbeteiligung,**	➤ Zusammenschluss von Unternehmen **mit Kapitalbeteiligung,**
➤ die rechtliche und die wirtschaftliche Selbstständigkeit der beteiligten Unternehmen bleibt erhalten,	➤ die rechtliche und/oder die wirtschaftliche Selbstständigkeit der beteiligten Unternehmen wird aufgegeben,
➤ **Interessengemeinschaft** unabhängige Unternehmen schließen sich zu einem Zweck zusammen, z.B. Werbung, Öffentlichkeitsarbeit, Forschung,	➤ **Kapitalverflechtung** Unternehmensbeteiligung, z.B. durch Aktienerwerb: Minderheitsbeteiligungen oder Mehrheitsbeteiligungen,
➤ **Arbeitsgemeinschaft** unabhängige Unternehmen arbeiten befristet zusammen an einem Auftrag, z.B. Bau eines Eisenbahntunnels, wird bei größeren Finanzierungsgeschäften auch als Konsortium bezeichnet,	➤ **Konzern:** Zwei Arten: – **Unterordnungskonzerne:** Mehrheitskapitalbeteiligungen unter einheitlicher Leitung. Beherrschende Unternehmen werden als Muttergesellschaft bezeichnet, untergeordnete Unternehmen als Tochtergesellschaft.
➤ **abgestimmte Verhaltensweisen** unabhängige Unternehmen handeln nach Absprache (ohne Verträge untereinander – Unterschied zum Kartell!), z.B. Preisfestsetzungen,	– **Gleichordnungskonzerne:** In Konzernen mit einer Holding (Verwaltungsgesellschaft) werden die angeschlossenen Unternehmen von der Holding beherrscht, verwaltet und finanziert.

> **Kartell** (i. d. R. in Deutschland verboten)
unabhängige Unternehmen schließen Verträge zur Beeinflussung des Marktgeschehens, z. B. Marktaufteilung nach Regionen, Lieferquoten, Preisabsprachen. Gegenseitige Vertragsstrafen sind möglich,

> **Sonderform des Kartells: Syndikat**
gemeinsame Vertriebsgesellschaft von mehreren Kartellunternehmen.

> **Fusion/Trust**
Verschmelzung von zwei Unternehmen, mindestens eines gibt die rechtliche und die wirtschaftliche Selbstständigkeit auf,

zwei Arten:

– **Fusion durch Aufnahme eines Unternehmens (Übernahme)** in ein anderes bestehendes

und

– **Fusion zweier Unternehmen durch Neugründung** eines neuen.

*Eine Sonderform der Zusammenschlüsse von Unternehmen ist das sog. **Joint Venture**. Es ist eine von zwei oder mehr Unternehmen neu gegründete Risikounternehmung zum Markteintritt in Auslandsmärkten. Die Leitung liegt gemeinsam bei den bisherigen Unternehmen.*

PRÜFUNGSTRAINING

Aufgabe 1

Geben Sie an, welche Ziele zwei Logistikdienstleister im Hamburger Hafen mit den Geschäftsbereichen Umschlag, Lagerung und Verpackung von Importware verfolgen, die sich mit jeweils 30 % am Kapital des anderen beteiligen!

① Eintritt in einen bisher nicht zugänglichen Markt in Fernost.

② Risikoanhebung durch Erweiterung der Geschäftsaktivitäten.

③ Steigerung der eigenen Kosten.

④ Gewinnabflüsse durch sog. Synergieeffekte.

⑤ Einflussnahme auf andere Unternehmen.

Notieren Sie die zutreffende Ziffer! _____ ☐

Aufgabe 2

Entscheiden Sie, ob es sich bei den dargestellten Unternehmenszusammenschlüssen um eine Form der

① horizontalen Zusammenschlüsse

② vertikalen Zusammenschlüsse

③ diagonalen (anorganischen) Zusammenschlüsse

handelt! Notieren Sie die jeweilige Ziffer!

a) Ein Cottbuser Spediteur arbeitet eng mit seinem Zulieferer für Paletten zusammen. ____ ☐

b) Drei Lagerhalter in Bremen gründen eine Gesellschaft zur Abwicklung der Lohnbuchhaltung. _____ ☐

c) Eine Kieler Reederei wird von einem Kreditinstitut aufgekauft. _____ ☐

d) Ein Würzburger Büromöbelhersteller erwirbt Kapitalanteile an einer Möbelspedition
    und an einer Werbeagentur. _____ ☐

e) In Kürze werden sich zwei sächsische Forstbetriebe mit einem Chemnitzer Sägewerk
    und einer Großtischlerei aus Leipzig zusammenschließen._____ ☐

f) Zwei Eisenbahngesellschaften in Baden-Württemberg schließen sich zur
    „Südwest-Güterbahn AG" zusammen. _____ ☐

Aufgabe 3

Geben Sie an, welche Aussagenkombination die typischen Kennzeichen eines Konzerns beschreibt.

	a) Bei einem Konzern handelt es sich um einen Zusammenschluss von mindestens …	b) Die rechtliche Selbstständigkeit …	c) Die wirtschaftliche Selbstständigkeit wird …
①	… zwei Unternehmen.	… bleibt bei beiden Unternehmen bestehen.	… von beiden Unternehmen behalten.
②	… zwei Unternehmen.	… bleibt bei beiden Unternehmen bestehen.	… von mindestens einem Unternehmen aufgegeben.
③	… drei Unternehmen.	… wird von mindestens einem Unternehmen aufgegeben.	… von allen Unternehmen behalten.
④	… drei Unternehmen.	… bleibt bei allen drei Unternehmen bestehen.	… von allen Unternehmen behalten.
⑤	… vier Unternehmen.	… bleibt bei mindestens zwei Unternehmen bestehen.	… von mindestens einem Unternehmen aufgegeben.

Tragen Sie die zutreffende Ziffer in das Kästchen ein! _____ ☐

Aufgabe 4

Unterscheiden Sie, um welche Art der Zusammenschlüsse es sich bei den unten dargestellten Beispielen handelt! Notieren Sie die jeweils zutreffende Ziffer für

① Interessengemeinschaft

② Arbeitsgemeinschaft

③ abgestimmte Verhaltensweisen

④ Kartell

⑤ Kapitalverflechtung

⑥ Konzern

⑦ Fusion durch Aufnahme (Übernahme)

⑧ Fusion durch Neugründung

11 Hummel u.a.-ISBN 978-3-8120-0598-2

a) Die Kronenberg Bau GmbH und die Leitinger Straßenbau KG bauen gemeinsam einen Straßenbahntunnel in einer süddeutschen Großstadt nach den Plänen der Stadtarchitekten. _____ ☐

b) Vier Zementhersteller in Deutschland schließen einen Vertrag zur Aufteilung Norddeutschlands in Regionen, in denen man sich keine Konkurrenz machen wird. _____ ☐

c) In einem Markt mit der Struktur eines Angebotsoligopols heben und senken die Anbieter die Preise gemeinsam, um ihre Gewinne zu erhöhen. _____ ☐

d) Zum Zweck der verbesserten Werbung gründen die Weinbauern in Nordfranken einen eigenen Verein, dem alle Winzer der Region beitreten können. _____ ☐

e) Unternehmen A wird von einem anderen (B) aufgekauft und in dessen Namen weitergeführt. Der alte Name (A) verschwindet. _____ ☐

f) Der Logistikdienstleister Middelhoff Lager AG, Leipzig, kauft 15 % der Anteile an der Neumüller Spedition GmbH, die in Zahlungsschwierigkeiten geriet. _____ ☐

g) Unter der Leitung eines großen Automobilunternehmens betreiben drei kleinere Automobilhersteller, zwei Zulieferer, vier Speditionen und eine Bank ihre Geschäfte. Das große Automobilunternehmen hält jeweils Mehrheiten am Aktienkauf der kleineren Unternehmen. _____ ☐

h) Nach längeren Verhandlungen und einem Kapitalaustausch werden die Rostocker Yachtbau GmbH und die Stralsunder Schiffstransporte GmbH zu dem neuen Unternehmen Mecklenburger Yacht- und Spezialtransport GmbH verschmolzen. _____ ☐

Aufgabe 5

In welchen beiden der folgenden Beispiele handelt es sich um Formen der Kooperation von Unternehmen?

① Zwei Unternehmen gründen eine gemeinsame Tochterfirma.

② Eine Spedition erwirbt Anteile an einem Reinigungsunternehmen.

③ Die Bade- und Kurorte der Nordseeküste Schleswig-Holstein gründen einen Verband zur Förderung ihrer Interessen und zu Werbezwecken.

④ Drei deutsche Reedereien betreiben eine Logistikfirma in Yokohama/Japan.

⑤ Ein Lagerhalter verkauft seinen Betrieb an einen Konkurrenten.

⑥ Zwei Speditionen wickeln den Transport von übergroßen Spezialmaschinen aus China über Rotterdam auf dem Rhein bis nach Köln und über verschiedene Straßen bis zum Zielort gemeinsam ab.

⑦ Der Einzelhändler Nürnberger Spezialbrennstoffe GmbH wird vom Münchner Großhändler Obermaier-Brand GmbH übernommen.

Tragen Sie die Ziffern vor den zwei zutreffenden Beispielen in die Kästchen ein! _____ ☐ ☐

Aufgabe 6

In welchen beiden der folgenden Beispiele handelt es sich um Formen der Konzentration von Unternehmen?

① Die Karlsruher Priomann-Film KG dreht mit der Freiburger Quarger-Productions GmbH einen historischen Dokumentarfilm. Sie arbeiten nur für die Filmerstellung zusammen.

② Sechs Unternehmen der niedersächsischen Holzindustrie beschließen Regelungen zum gemeinsamen Verkauf in festgelegten Absatzmärkten, um die Preise hoch zu halten. Diese Regelungen werden vertraglich festgehalten.

③ Das Dresdner Familienunternehmen Romberg-Christstollen GmbH tritt dem Verein zur Förderung der Sächsischen Backkultur e. V. bei.

④ Ein Zulieferbetrieb in der Kunststoffindustrie wird von der Heidelberger Kunststoffvertrieb Süd AG zu 77 % gekauft.

⑤ Die Imbissbuden in der Mainzer Altstadt heben ihre Preise am Rosenmontag um über 25 % an.

⑥ In Erfurt arbeiten 14 Jungunternehmer in einer Interessenvertretung der Medienunternehmen Thüringens zusammen.

⑦ Die befreundeten Inhaber der Feinkost Thomas KG, Ludwigshafen, und der Delikatessen Ullmann OHG, Pirmasens, schließen ihre Unternehmen zu einem neuen Unternehmen zusammen, der Wellness-Food Thomann GmbH mit Sitz in Kaiserslautern.

Tragen Sie die Ziffern vor den zwei zutreffenden Beispielen in die Kästchen ein! _____ ☐ ☐

8 Lösungen

Lösungen zu Kapitel 2: Berufsbildung, Arbeitsrecht und Tarifrecht

Kapitel 2.1:   Berufsausbildung

Aufgabe 1

Erster Teil:

① Falsch   Nicht der Vertrag ist hier entscheidend, sondern die Anerkennung als „geordneter Ausbildungsgang" durch das entsprechende Bundesministerium.

② Falsch   Die Rechtsgrundlage des BBiG gilt nicht nur landes-, sondern bundesweit.

③ Richtig   Schulische Fragen unterstehen den Schulgesetzen der Länder und sind – außer dem Gebot der Lernortkooperation (§ 2) – nicht im BBiG geregelt.

④ Falsch   Weder der Bezug zur schulischen Ausbildung noch zu einem Bundesland sind hier korrekt.

⑤ Falsch   Es fehlt die Berufsausbildungsvorbereitung.

Zweiter Teil:

① Richtig

② Falsch   s. o.

③ Falsch   Es gilt sehr wohl für Fortbildung und Umschulung.

④ Falsch   Es gilt bundesweit.

⑤ Falsch   Die berufsbildenden Schulen werden im BBiG ausdrücklich ausgenommen, weil für sie die Schulgesetze der Bundesländer gelten.

Aufgabe 2

a) ①

b) ⑨   Gilt nur, falls die Probezeit abgelaufen ist.

c) ①

d) ⑨   Es muss eine Frist von 4 Wochen eingehalten werden.

e) ⑨   Nicht jederzeit.

f) ⑨   „Aus wichtigem Grund" bedeutet: fristlos!

g) ①

h) ⑨   s. Bemerkung zu f).

Aufgabe 3

Richtig ist die Begründung ① .

Zu ④ :   „Aus wichtigem Grund" bedeutet: fristlos!

Aufgabe 4

Richtig sind die Behauptungen ① und ② .

Zu ⑦ :   Eine schriftliche Bescheinigung des Prüfungsausschusses genügt.

Aufgabe 5

Richtig sind die Daten in Aussage ④ .

(Die längstmögliche Probezeit beträgt 4 Monate)

Aufgabe 6

Richtig ist die Angabe ③ .

(Eine angemessene Ausbildungsvergütung ist gem. § 17 BBiG nach dem Lebensalter der Auszubildenden so zu bemessen, dass sie mit fortschreitender Berufsausbildung, mindestens jährlich, ansteigt. Siehe Kap. 2.1.2 Mindestinhalte beim Ausbildungsvertrag!)

Aufgabe 7

Richtig ist die Angabe ④ .

Kapitel 2.2:   Einzelarbeitsvertrag

Aufgabe 1

a) ①, b) ⑨, c) ①, d) ⑨, e) ①, f) ⑨, g) ①, h) ①

Hinweise:

Zu b)   Es genügt ein einfaches Zeugnis.

Zu d)   Die Erwähnung einer Probezeit ist lt. § 2 NachwG nicht vorgesehen.

Zu f)   Listen über Rechte und Pflichten sind aus Ausbildungsverträgen bekannt. In einer Niederschrift zu einem Einzelarbeitsvertrag genügt eine allgemeine Beschreibung der vom Arbeitnehmer zu leistenden Tätigkeiten. Rechte und Pflichten ergeben sich unmittelbar aus dem Gesetz.

Aufgabe 2

a) ⑨, b) ①, c) ①, d) ①, e) ⑨, f) ①, g) ①, h) ⑨

Hinweise:

Zu a)   Eine Vergütungspflicht besteht nur unter der Voraussetzung, dass Leistung erbracht wird.

Zu e)   Zunächst könnte man annehmen, dass es sich um eine arglistige Täuschung von Herrn Vorberg handelt. Angaben über Arbeitskampfbeteiligungen im Sinne des Tarifrechts gehören aber nicht zu Informationen, die Herr Vorberg für den Abschluss eines Einzelarbeitsvertrages erbringen muss.

Zu h)   Arbeit an Samstagen begründet nicht automatisch den Anspruch auf einen Zuschlag. Zuschlagsregeln sind in Tarifverträgen auszuhandeln.

Aufgabe 3

a) ①, b) ④, c) ③, d) ⑤, e) ②, f) ④

Aufgabe 4

a) ①, b) ②, c) ③, d) ①, e) ②, f) ①

Hinweise:

Zu a)   Elisa ist nicht geschäftsfähig.

Zu b)   Herr Vorberg hat sein Unternehmen arglistig getäuscht.

Zu c)   Dieser Irrtum ist nicht anfechtbar, weil Herr Vorberg zum Zeitpunkt des Vertragsabschlusses die entsprechende Willenserklärung sehr wohl abgeben wollte. Er hat sich nämlich nicht getäuscht, sondern nur seine Meinung geändert, was nicht als anfechtbarer Irrtum gilt.

Zu d)   Das Vorgehen der Impex GmbH verstößt gegen das Mindestlohngesetz.

Zu e)   Eine widerrechtliche Drohung mit Gewalt ist ein Anfechtungsgrund.

Zu f)   Es scheint sich zunächst um ein Scherzgeschäft zu handeln, das nichtig ist. Genauer betrachtet liegt aber gar kein „Arbeitsvertrag" vor, denn es fehlt die zustimmende Willenserklärung der Mitarbeiter. Allenfalls wäre eine Änderungskündigung denkbar, bei der allerdings dann die Form (Bezeichnung „Arbeitsvertrag" statt „Änderungskündigung" sowie der Bierdeckel sowie der fehlende Zustimmungsvorbehalt der Mitarbeiter) ein Nichtigkeitsgrund ist.

Aufgabe 5

a) ② , b) ① , c) ① , d) ② , e) ② , f) ① , g) ② , h) ②

Hinweise:

Zu a)   Der Zeitbezug ist falsch, da Herr Vorberg nichts von einem Ende seiner Beschäftigung geäußert hat. Möglicherweise ist der Grund nicht ein unmittelbares Ende seiner Beschäftigung, sondern der Wechsel eines Vorgesetzten, von dem er sich noch einmal beurteilen lassen möchte. Es sind noch andere Gründe denkbar.

Zu d)   Der Hinweis, wie oft Herr Vorberg verheiratet war, ist nicht zulässig. Der zweite Teil der Formulierung lässt auf private Kontakte zu Mitarbeiterinnen schließen, die das Unternehmen zwar positiv beschreibt, aber außerordentlich kritisch beurteilt.

Zu e)   Da Herr Vorberg nichts von „Verlassen" geäußert hat, ist diese Formulierung nicht zulässig.

Zu g)   Diese Formulierung ist nicht zulässig, weil sie weder wohlwollend noch auf eine positive berufliche Zukunft ausgerichtet ist.

Zu h)   Die Formulierung ist nicht zulässig, weil sie über Privates Auskunft gibt.

Aufgabe 6

a) ⑨ , b) ① , c) ⑨ , d) ⑨ , e) ⑨ , f) ① , g) ①

Hinweise:

Zu b)   Im Wareneingang ist sowohl mit dem Auftreten von Holzspänen als auch von Staub zu rechnen. Eine diesbezügliche Allergie würde die Arbeit dort beeinträchtigen. Die Frage ist erlaubt.

Zu c)   Erst nach der Einstellung darf diese Frage gestellt werden, wenn etwa die Buchhaltung die Überweisung des Mitgliedsbeitrags vornehmen soll.

Zu d)   Diese Frage wäre nur zulässig, wenn der Impex GmbH konkrete Anhaltspunkte für eine Lohnpfändung vorlägen. Dies ist im geschilderten Fall nicht so.

Zu e)   Es handelt sich nicht um eine Stelle im medizinischen Bereich, wo regelmäßig Blutkontakt entsteht. Die Überlegung möglicher Verletzungsgefahr im Wareneingang reicht nicht aus, eine Auskunftspflicht bei dieser Frage herzuleiten. Sie geht zu weit.

Aufgabe 7

a) ⑨ , b) ① , c) ① , d) ① , e) ① , f) ① , g) ⑨

Aufgabe 8

a) 20.03.2019

b) 20.03.2019

c) 31.12.2017

Hinweise:

Zu b)   Auch ein befristetes Arbeitsverhältnis endet mit dem Tod. Die Erben des verstorbenen Arbeitnehmers hätten ggf. lediglich Anspruch auf vor(!) dem Tod bereits ausstehende Leistungen des Arbeitgebers.

Zu c)   Herr Vorberg ist erst nach dem Ende seines Arbeitsverhältnisses gestorben.

Kapitel 2.3:   Tarifverträge

Aufgabe 1

Richtig ist die Bezeichnung ④ .

Aufgabe 2

a) ⑨ , b) ⑨ , c) ① , d) ① , e) ⑨ , f) ① , g) ⑨

Aufgabe 3

Richtig ist die Bezeichnung ③ .

Aufgabe 4

a) ③ , b) ② , c) ④ , d) ① , e) ③ , f) ①

Aufgabe 5

a) ⑥ , b) ④ , c) ③ , d) ⑤ , e) ① , f) ⑦ , g) ② , h) ⑨ , i) ⑧

Aufgabe 6

a) ① , b) ⑥ , c) ③ , d) ② , e) ⑤ , f) ④

Kapitel 2.4:   Berufliche Fort- und Weiterbildung

Aufgabe 1

a) ⑨ , b) ⑨ , c) ① , d) ⑨ , e) ① , f) ① , g) ⑨ , h) ⑨ , i) ① , j) ⑨ , k) ①

Aufgabe 2

a) ②
b) ①
c) ②
d) ③

> **Hinweis:**
> „Fachschule" ist die Bezeichnung einer Schulform, nicht die eines dort zu erwerbenden Abschlusses.

e) ①
f) ①
g) ③

> **Hinweis:**
> „Fachkraft für Lagerlogistik" ist die Bezeichnung für einen Beruf der Ausbildung, nicht der Fort- oder Weiterbildung.

h) ②
i) ②
j) ②

Aufgabe 3

a) ① , b) ⑨ , c) ⑨ , d) ① , e) ⑨ , f) ① , g) ①

Hinweise:

Zu a)   Gleichgestellt ist bezogen auf die Anerkennung für weiterführende Bildungseinrichtungen zu verstehen.

Zu d)   Fachschüler befinden sich in einem Studium, sie werden als Studierende (nicht als Studenten) bezeichnet.

Zu e)   Grundsätzlich muss für ein Fachhochschul-Studium mindestens eine (meist zweijährige) Fachoberschule erfolgreich abgeschlossen werden.

Zu f) In bestimmten Fällen erkennen Fachhochschulen einen Fachschulabschluss an, wenn sich die Stoffgebiete unmittelbar aufeinander beziehen oder darauf aufbauen. In diesen Fällen werden sogar bestimmte Fachschulinhalte auf die Studiendauer in der Fachhochschule angerechnet. Dadurch verkürzt sich die Studienzeit und der Bachelor-Abschluss kann früher erworben werden. (Beispiel: Bestimmte Inhalte einer staatlichen Fachschule für Logistik werden von einer Fachhochschule im Studium des Logistikmanagements anerkannt oder angerechnet.)

Zu g) Die Arbeitsförderung soll in erster Linie dem Entstehen von (Langzeit-) Arbeitslosigkeit entgegenwirken und dazu beitragen, dass ein hoher Beschäftigungsstand erreicht und die Beschäftigungsstruktur ständig verbessert wird.

Lösungen zu Kapitel 3: Soziale Sicherung

Aufgabe 1

a) ② + ③, b) ①, c) ④, d) ④, e) ② + ③, f) ⑤, g) ② + ③

Aufgabe 2

a) ⑦, b) ⑥ (RV + AV), c) ④, d) ③, e) ⑤, f) ⑤

Aufgabe 3

Richtig sind die Aussagen ①, ③ und ④.

Aufgabe 4

a) ①
b) ③
c) ⑤
d) ④
e) ②

Hinweis:
Verkehrs-, Sport- oder Freizeitunfälle, die nicht auf einer beruflichen Tätigkeit basieren, sind nicht in der gesetzlichen Unfallversicherung versichert und gelten daher auch nicht als Arbeitsunfall.

f) ④
g) ⑤

Hinweis:
Der Verkehrsunfall auf dem Weg zur Berufsschule gilt als Wegeunfall und ist daher in der gesetzlichen Unfallversicherung versichert.

h) ①

Aufgabe 5

a) ①, b) ③, c) ①, d) ⑥, e) ③, f) ⑤, g) ①, h) ⑤, i) ①, j) ④, k) ②, l) ⑤, m) ③, n) ②, o) ④, p) ②

Hinweis zu j):
Diese Leistungen sind in der gesetzlichen Rentenversicherung versichert, da aufgrund einer möglichen Berufs- oder sogar Erwerbsunfähigkeit eine Rente zu zahlen wäre, die insgesamt mehr Kosten verursachen würden.

Aufgabe 6

Richtig ist ③ .

Aufgabe 7

Richtig ist ② .

Aufgabe 8

Richtig ist ③ .

Aufgabe 9

Richtig ist ④ .

Aufgabe 10

Richtig ist ④ .

Aufgabe 11

Richtig ist ⑤ .

Aufgabe 12

Richtig ist ④ .

Aufgabe 13

a) ② , b) ② oder ③ , c) ③ , d) ① , e) ① , f) ① , g) ③ , h) ② oder ③ , i) ③ , j) ②

Aufgabe 14

a) ③ , b) ⑤ , c) ② , d) ⑦ , e) ① , f) ⑥ , g) ④

Aufgabe 15

a) ② , b) ① , c) ② , d) ① , e) ① , f) ①

Lösungen zu Kapitel 4: Abrechnung und Besteuerung von Lohn- und Gehaltszahlungen

Aufgabe 1

Lohnsteuerabrechnung Marc Neuberger

Bruttogehalt	3 500,00 €
– Krankenversicherungsbeitrag (14,6 % vom Bruttogehalt zuzüglich einen Zuschlag von 1,1 %, AN und AG je zur Hälfte, hier sind also 7,85 % AN-Beitragsanteil auf das Bruttogehalt zu berechnen)	– 274,75 €
– Pflegeversicherungsbeitrag (3,05 % vom Bruttogehalt, AN und AG je zur Hälfte, Kinderlose über 23 Jahre zahlen einen Zuschlag von 0,25 %, hier sind also 1,525 % AN-Beitragsanteil auf das Bruttogehalt zu berechnen – ohne den Zuschlag)	– 53,38 €

–	Arbeitslosenversicherungsbeitrag (2,5 % vom Bruttogehalt, AN und AG je zur Hälfte, hier sind also 1,25 % AN-Beitragsanteil auf das Bruttogehalt zu berechnen)	– 43,75 €
–	Rentenversicherungsbeitrag (18,6 % vom Bruttogehalt, AN und AG je zur Hälfte, hier sind also 9,3 % AN-Beitragsanteil auf das Bruttogehalt zu berechnen)	– 325,50 €
–	Lohnsteuer (lt. Lohnsteuertabelle, wie angegeben)	– 525,00 €
–	Solidaritätszuschlag (5,5 % auf die Lohnsteuer)	– 28,88 €
–	Kirchensteuer (9 % auf die Lohnsteuer)	– 47,25 €
=	Nettogehalt	2 201,49 €

Herr Neuberger bekommt 2 201,49 € monatlich überwiesen.

Aufgabe 2

Da Herr Neuberger verheiratet ist und als Alleinverdiener der Familie tätig ist, wird er in der Lohnsteuerklasse 3 eingruppiert.

Aufgabe 3

a) ① , b) ③ , c) ② , d) ① , e) ② , f) ② , g) ①

Lösungen zu Kapitel 5: Aufbau und Organisation des Ausbildungsbetriebes

Kapitel 5.1: Aufbau, Zielsetzung und betriebliche Kenngrößen

Aufgabe 1

a) ① , b) ⑥ , c) ② , d) ⑤ , e) ④ , f) ③

Aufgabe 2

Richtig ist ② .

Hinweis:

Die Kompetenzverteilung erkennt man am Organigramm der Aufbauorganisation.

Aufgabe 3

a) ① **Hinweis:** Es handelt sich um privatwirtschaftliche Betriebe.

b) ② **Hinweis:** Es handelt sich um öffentliche Betriebe, die teilweise oder ganz in der öffentlichen Hand sind.

c) ② **Hinweis:** Es handelt sich um öffentliche Betriebe, die teilweise oder ganz in der öffentlichen Hand sind.

d) ④ **Hinweis:** Einen Nutzen zu maximieren, bedeutet hier die Fähigkeit eines Gutes, die Bedürfnisse aller wirtschaftlich Beteiligten in einem hohen Maße zu befriedigen.

e) ③ **Hinweis:** Die Selbsthilfe entspricht dem genossenschaftlichen Grundprinzip.

f) ① **Hinweis:** Es handelt sich um privatwirtschaftliche Betriebe.

Aufgabe 4

Richtig ist ③ .

Hinweise:

Die Antworten ① , ② , ④ und ⑤ sind keine Aussagen zur Arbeitsproduktivität, weil nur in der Antwort ③ die Leistungen bzw. ausgebrachten Güter („bestimmte Arbeiten") ins Verhältnis zur benötigten Zeit („kürzere Zeit") gebracht wird.

Kapitel 5.2: Grundfunktionen des Ausbildungsbetriebes

Aufgabe 1

a) ② **Hinweis:**   Beschafft werden die Produktionsfaktoren.

b) ④ **Hinweis:**   Die Lagerung erfolgt nach dem Wareneingang.

c) ⑤

d) ⑥ **Hinweis:**   Die Verwaltung ist eine Organisation in einem Unternehmen, die übergreifende Aufgaben wahrnimmt.

e) ④ **Hinweis:**   Das ist das Fertigwarenlager.

f) ① **Hinweis:**   Verkauf der Waren und Dienstleistungen auf den Absatzmärkten.

g) ③ **Hinweis:**   Über die Geldeingänge der Verkaufserlöse werden die zu beschaffenden Produktionsfaktoren finanziert.

Aufgabe 2

a) ① , b) ⑤ , c) ③ , d) ③ , e) ② , f) ④

Aufgabe 3

a) ⑤ , b) ② , c) ③ , d) ④ , e) ① , f) ③ , g) ② , h) ⑤

Kapitel 5.3: Kredite : Kontokorrentkredit, Ratenkredit, Hypothekendarlehn

Aufgabe 1

a) ① , b) ③ , c) ③ , d) ② , e) ① , f) ②

Aufgabe 2

a) ① , b) ② , c) ① , d) ③ , e) ③ , f) ① , g) ② , h) ③ , i) ②

Kapitel 5.4: Unternehmensgründung

Aufgabe 1

Die Aussagen ② und ⑥ sind nicht zutreffend. Eine gute Lage ist ebenso wie eine gute Ausbildung nicht allein ausschlaggebend für betrieblichen Erfolg. Es müssen weitere Aspekte berücksichtigt werden. Ein Risiko besteht immer.

Aufgabe 2

②, ⑤, ⑦

Hinweis:

Weder die Schweiz noch China oder Norwegen sind Mitgliedstaaten der EU. Somit gilt die Freizügigkeit innerhalb der EU für ihre Bürger nicht. Es müssen ggf. eine Aufenthaltserlaubnis, eine Arbeitserlaubnis oder ein Visum beantragt und ausgestellt werden.

Aufgabe 3

① Falsch, die EU-Regeln des Binnenmarktes gelten für alle Arbeitnehmer, unabhängig von der Zugehörigkeit zu einer Berufsgruppe.
② Falsch, Griechenland gehört zur EU, daher sind die Regeln des europäischen Binnenmarktes hier anwendbar.
③ Falsch, Helena kann nicht in ganz Europa, sondern nur innerhalb des EU-Binnenmarktes diese Möglichkeiten für sich einfordern.
④ Zutreffend
⑤ Falsch, der Ausbildungsberuf Fachkraft für Lagerlogistik ist als kaufmännischer Beruf anerkannt, daher dürfte es auch ein Handelsbetrieb sein.
⑥ Zutreffend

Kapitel 5.5: Der Betrieb als sozio-ökonomisches System

Aufgabe 1

a) ④ , b) ① , c) ③ , d) ⑤ , e) ②

Aufgabe 2

a) ② , b) ① , c) ③ , d) ② , e) ① , f) ③ , g) ③ , h) ①

Aufgabe 3

Richtig ist ④ .

Hinweise:

Zu ① : Die Bundesagentur für Arbeit ist der Verwaltungsträger der Arbeitslosenversicherung.
Zu ② : Die Bundesvereinigung der Deutschen Arbeitgeberverbände ist ein bundesweiter und branchenübergreifender Dachverband der Arbeitgeber, der die deutsche Wirtschaft in Fragen der Tarife, Sozial- und Bildungspolitik vertritt.
Zu ③ : Im Bundesverband der deutschen Industrie sind Wirtschaftsverbände und Arbeitsgemeinschaften der Industrie organisiert.
Zu ④ : Der Deutsche Gewerkschaftsbund ist der Dachverband, in dem die Einzelgewerkschaften organisiert sind.
Zu ⑤ : Der Deutsche Industrie- und Handelskammertag ist die Dachorganisation aller Industrie- und Handwerkskammern.
Zu ⑥ : Der Deutsche Speditions- und Logistikverband ist ein Wirtschafts- und Arbeitgeberverband der Speditions- und Logistikbranche.

Kapitel 5.6: Mitbestimmung und Schutzgesetze

Aufgabe 1

a) ⑤ , b) ③ , c) ② , d) ④ , e) ①

Aufgabe 2

Richtig ist ② .

Aufgabe 3

Richtig ist ① .

Aufgabe 4

Richtig ist ③ .

Aufgabe 5

Richtig ist ④ .

Aufgabe 6

Richtig ist ② .

Aufgabe 7

Richtig sind ③ + ⑤ .

Aufgabe 8

Richtig ist ③ .

Aufgabe 9

Richtig ist ① .

Aufgabe 10

Richtig ist ② .

Aufgabe 11

Richtig ist ③ .

Aufgabe 12

Richtig ist ② .

Aufgabe 13

Richtig ist ② .

Aufgabe 14

Richtig ist ④ .

Aufgabe 15

Richtig sind ④ + ⑥ .

Aufgabe 16

01. 11. des kommenden Jahres.

Aufgabe 17

Richtig ist ⑤ .

Aufgabe 18

Richtig ist ② .

Aufgabe 19

40 Stunden

Aufgabe 20

Richtig ist ④ .

Aufgabe 21

Richtig ist ② .

Aufgabe 22

a) ③ , b) ⑤ , c) ④ , d) ② , e) ①

Aufgabe 23

Richtig ist ④ .

Aufgabe 24

Richtig ist ① .

Aufgabe 25

Richtig sind ③ + ⑥ .

Aufgabe 26

Richtig ist ③ .

Aufgabe 27

Richtig ist 8.

Aufgabe 28

Richtig ist ③ .

Lösungen zu Kapitel 6: Grundlagen des Wirtschaftens

Kapitel 6.1: Wirtschaftliche Grundbegriffe

Aufgabe 1

a) ①
b) ①
c) ⑨ Ein Mensch hat auch immaterielle Bedürfnisse wie Anerkennung, Liebe etc.
d) ①
e) ①
f) ① Weil die finanziellen Mittel der Wirtschaftssubjekte begrenzt sind und sie damit haushalten müssen.

Aufgabe 2

a) ②
b) ⑤
c) ③ Die Nachfrage ist der Teil der Bedürfnisse, der am Markt als Ausgabe sichtbar wird.

Aufgabe 3

a) ④ , b) ⑤ , c) ② , d) ① , e) ③ , f) ① , g) ⑤ , h) ③ , i) ① , j) ④ , k) ②

Aufgabe 4

a) ④ , b) ⑥ , c) ② , d) ① , e) ③ , f) ⑤

Aufgabe 5

Richtig ist ② .
Zu ④ : Hier ist ein Komplementärgut beschrieben.

Aufgabe 6

Richtig ist ④ .

Aufgabe 7

a) ④ , b) ① , c) ③ , d) ① , e) ③ , f) ② , g) ④ , h) ②

Aufgabe 8

a) ④ , b) ③ , c) ① , d) ②

Aufgabe 9

a) ⑨ Es ist weder das zu erreichende Ziel noch der Mitteleinsatz ganz genau festgelegt.
b) ②
c) ①
d) ②

Aufgabe 10

a) ⑧ Ersparnis der Konsumenten, die das Gut zu einem geringeren Preis als erwartet erwerben können.

b) ③ Zu diesem Preis wird die gleiche Gütermenge angeboten wie nachgefragt.

c) ⑩ Unterhalb des Gleichgewichtspreises ist die nachgefragte Menge größer als die angebotene Menge.

d) ② Es gibt keinen Angebots- oder Nachfrageüberschuss.

e) ⑥ Oberhalb des Gleichgewichtspreises ist die angebotene Menge größer als die nachgefragte Menge.

f) ⑨ Mehrerlöse der Produzenten, die das Gut zu einem höheren Preis als erwartet verkauft haben.

g) ⑦ Angebotene Menge zu alternativen Preisen. Je höher der erzielbare Preis ist, desto größer ist die angebotene Menge.

h) ①

i) ⑤ Nachgefragte Menge zu alternativen Preisen. Je höher der zu zahlende Preis ist, desto geringer ist die nachgefragte Menge.

j) ④

Aufgabe 11

a) ①

b) ⑨ Die Nachfrage sinkt mit steigendem Preis.

c) ①

d) ①

e) ⑨ Sie liegt unterhalb des Gleichgewichtspreises.

f) ①

Kapitel 6.2: Märkte

Aufgabe 1

④ Wenige Gesellschaften verkaufen Mineralöl an viele Nachfrager.

Aufgabe 2

a) ①

b) ① Aufgrund der Vielzahl an Nachfragern sind diese Preisnehmer. Sie können die Preise nicht beeinflussen.

c) ⑨

d) ① Aufgrund der Vielzahl an Anbietern sind diese Preisnehmer. Sie können die Preise nicht beeinflussen.

e) ①

f) ⑨ Weil es auf einem Oligopolmarkt nur wenige Anbieter gibt, reagieren diese bei Preisänderungen sofort.

g) ① Er ist alleiniger Anbieter.

h) ⑨

i) ①

Aufgabe 3

② Je weniger Nachfrager auf einem Markt auftreten, desto größer ist die Marktmacht jedes einzelnen Nachfragers.

Aufgabe 4

④ Je weniger Anbieter auf einem Markt auftreten, desto größer ist die Marktmacht jedes einzelnen Anbieters.

Aufgabe 5

a) ④ , b) ⑥ , c) ③ , d) ① , e) ⑦ , f) ⑤ , g) ② , h) ⑧

Kapitel 6.3:   Produktionsfaktoren

Aufgabe 1

a) ① , b) ③ , c) ② , d) ① , e) ②

Aufgabe 2

a) ⑥ , b) ⑦ , c) ④ , d) ① , e) ⑥ , f) ③ , g) ② , h) ⑤ , i) ⑦ , j) ① , k) ⑤

Aufgabe 3

③ Die Mitarbeiter als Produktionsfaktor „ausführende (exekutive) Arbeit" werden durch eine Datenverarbeitungsanlage als Betriebsmittel „Maschine" eingespart.

Aufgabe 4

a) ①

b) ①

c) ⑨ Boden ist ein volkswirtschaftlicher Produktionsfaktor.

d) ①

e) ①

f) ⑨ Je nach Ausbildung werden gelernte und ungelernte Arbeit unterschieden.

g) ①

h) ⑨ Nicht Betriebsmittel, sondern Betriebsstoffe sind Werkstoffe.

i) ①

Aufgabe 5

③ Am kostengünstigsten produziert der Schreiner die Esszimmertische mit einem Einsatz von 13 Stunden Arbeit und 15 Einheiten Kapital.

Rechnung:

① $x = 4 \cdot 50 + 34 \cdot 30 = 1220$

② $x = 8 \cdot 50 + 28 \cdot 30 = 1240$

③ $\mathbf{x = 13 \cdot 50 + 15 \cdot 30 = 1100}$

④ $x = 22 \cdot 50 + 5 \cdot 30 = 1250$

Kapitel 6.4:   Arbeitsteilung und Globalisierung

Aufgabe 1

a) ① , b) ④ , c) ③ , d) ② , e) ① , f) ③ , g) ② , h) ④

Aufgabe 2

a) ① , b) ④ , c) ③ , d) ② , e) ③ , f) ① , g) ④ , h) ②

12 Hummel u.a.-ISBN 978-3-8120-0598-2

Aufgabe 3

a)

aa) x = 2 000 Jeanshosen · 1,5 Arbeitsstunden pro Jeanshose + 3 000 Liter Rotwein · 0,25 Arbeitsstunden pro Liter Rotwein = 3 750 Arbeitsstunden insgesamt.

ab) x = 2 000 Jeanshosen · 1 Arbeitsstunde pro Jeanshose + 3 000 Liter Rotwein · 1,75 Arbeitsstunden pro Liter Rotwein = 7 250 Arbeitsstunden insgesamt.

b)

ba) x = 6 000 Liter Rotwein für beide Länder · 0,25 Arbeitsstunden pro Liter Rotwein = 1 500 Arbeitsstunden insgesamt.

bb) x = 3 750 Arbeitsstunden für beide Produkte in Land A – 1 500 Arbeitsstunden bei Spezialisierung auf die Rotweinherstellung = 2 250 Arbeitsstunden Ersparnis.

bc) x = 4 000 Jeanshosen für beide Länder · 1 Arbeitsstunde pro Jeanshose = 4 000 Arbeitsstunden insgesamt.

bd) x = 7 250 Arbeitsstunden für beide Produkte in Land B – 4 000 Arbeitsstunden bei Spezialisierung auf die Jeanshosenherstellung = 3 250 Arbeitsstunden Ersparnis.

Erkenntnis: Durch Arbeitsteilung ist die Produktivität, also die erzielte Menge pro eingesetztem Produktionsfaktor (Arbeit), in beiden Ländern gestiegen.

Aufgabe 4

a) ①

b) ⑨ Sie hat zugenommen.

c) ⑨ Die Arbeitsproduktivität, also das Verhältnis von Ausbringungsmenge zur Einsatzmenge, ist gestiegen.

d) ①

e) ⑨ Sie hat z. B. aufgrund der Produktvielfalt und der zunehmenden Marktgrößen abgenommen.

f) ①

g) ①

h) ⑨ Sie ist gestiegen.

Aufgabe 5

a) ⑤ Politik wird auch grenzüberschreitend betrieben wie z. B. auf Ebene der Europäischen Union oder der zwischen den G20-Ländern.

b) ② Die Transportkosten sind gesunken und die Transportgeschwindigkeiten haben sich erhöht.

c) ③ Es ist einfacher, Informationen über Kulturen aus allen Teilen der Welt zu erhalten.

d) ① Besonders gravierend sind der Klimawandel, die Lärmbelästigung, die Luft- und Trinkwasserverschmutzung, der Abbau von Bodenschätzen etc.

e) ④ Durch Verbesserungen der Kommunikationstechniken wie E-Mail, Chat etc.

Kapitel 6.5:   Zahlungsverkehr

Aufgabe 1

a) ③

b) ③

c) ② Nur der Gläubiger hat ein Konto.

d) ③

e) ③

f) ③ Bei dieser Form der EC-Kartenzahlung erfolgt das Bezahlen durch die Unterschrift des Schuldners auf dem Kassenzettel an der elektronischen Kasse.

g) ①

h) ③ Bei dieser Form der EC-Kartenzahlung erfolgt das Bezahlen durch die Eingabe einer PIN an einer elektronischen Kasse.

i) ③

j) ③

k) ③

l) ② Nur der Schuldner hat ein Konto.

m) ③

n) ③

o) ③

p) ①

Aufgabe 2

a) ② Weder der Schuldner noch der Gläubiger benötigen ein Konto.

b) ① Bargeldlose Zahlung

c) ⑤ Bargeldlose Zahlung. Überweisung nach dem SEPA-Standard.

d) ④ Der Gläubiger benötigt ein Konto, der Schuldner nicht.

e) ⑥ Bargeldlose Zahlung

f) ③ Bargeldlose Zahlung

g) ⑦ Der Schuldner benötigt ein Konto, der Gläubiger nicht.

h) ⑫ Halbbare Zahlung

i) ⑨ Bargeldlose Zahlung

j) ⑩ Der Schuldner und der Gläubiger benötigen ein Konto.

k) ⑪ PIN bedeutet persönliche Identifikationsnummer.

l) ⑧ TAN bedeutet Transaktionsnummer.

m) ⑭ Bargeldlose Zahlung

n) ⑬ Bargeldlose Zahlung

Aufgabe 3

a) ④ Der Überweisungsbetrag ist nicht gleichbleibend.

b) ② Hierzu wird in Unternehmen oft eine Barkasse geführt.

c) ① Bargeldlose Zahlung

d) ③ Der gleiche Betrag muss zu gleichen Terminen an den gleichen Gläubiger überwiesen werden.

e) ④ Bargeldlose Zahlung

f) ⑤ Sie erhält den Betrag gegen Vorlage des Barschecks bei einer Bank in bar ausgezahlt.

Aufgabe 4

a) ② Der Überweisungsbetrag ist nicht gleichbleibend.

b) ③ Es sind ausschließlich Geschäftskunden angesprochen.

c) ④ Der Schuldner benötigt ein Konto, der Gläubiger nicht.

d) ① Der gleiche Betrag muss zu gleichen Terminen an den gleichen Gläubiger überwiesen werden.

Aufgabe 5

a) ④ Bargeldlose Zahlung
b) ① Barzahlung
c) ④ Bargeldlose Zahlung
d) ② Halbbare Zahlung
e) ④ Bargeldlose Zahlung
f) ① Barzahlung
g) ④ Bargeldlose Zahlung
h) ③ Halbbare Zahlung
i) ④ Bargeldlose Zahlung

Kapitel 6.6: Weltwirtschaftliche Verflechtungen

Aufgabe 1

a) ② Probleme ergeben sich für die staatliche Planungsstelle u. a. bei der Beschaffung der notwendigen Informationen über die Bedarfe in der Bevölkerung.
b) ① Wenn sich die Preise an den Märkten frei bilden können, kommt es automatisch zu einem Interessenausgleich von Anbietern und Nachfragern (s. Kap. 6.1 Wirtschaftliche Grundbegriffe).
c) ③ Dies sind die fünf Säulen der Sozialversicherung (s. Kap. 3 Soziale Sicherung).
d) ② Wenn die Produktionsaufträge vom Staat zugeteilt werden, müssen die Unternehmen sich nicht mehr im Wettbewerb beweisen und sich nicht mehr wirtschaftlich verhalten.
e) ③ Weil es aufgrund der Veränderung der Altersstruktur in der Bevölkerung immer weniger Beitragszahler und immer mehr Leistungsempfänger gibt.
f) ③ Dies ist eines der Hauptmerkmale der sozialen Marktwirtschaft.

Aufgabe 2

a) ② Rahmenbedingungen sind z. B. die Eigentumsordnung, das Wettbewerbsrecht und die Sozialgesetze.
b) ① Die Maßnahmen sind z. B. die Ausgaben- und Steuerpolitik des Staates.
c) ③ Z. B. die Subventionierung der Kohleindustrie oder die Ausbildungsförderung bestimmter Arbeitnehmergruppen.

Aufgabe 3

a) ① Der Warenkorb wird entsprechend den Verbrauchergewohnheiten der Bürger zusammengesetzt.
b) ⑨ Die Preise dürfen nicht mehr als 2 % ansteigen.
c) ① Es müssen mehr Geldeinheiten für die gleiche Gütermenge bezahlt werden.
d) ① Die Kaufkraft des Geldes ist gestiegen.
e) ⑨ Die Preise müssen über einen längeren Zeitraum annähernd konstant bleiben.
f) ① Für die gleiche Gütermenge müssen weniger Geldeinheiten bezahlt werden.
g) ① Das Geld hat an Kaufkraft verloren.

Aufgabe 4

Richtig ist ② .
Begründung: Die Wirtschaftssubjekte können sich mehr leisten.

Aufgabe 5

a) ② Das Preisniveau sinkt.

b) ① Die im Umlauf befindliche Geldmenge erhöht sich.

c) ① Bei gleichbleibender Gütermenge.

d) ②

e) ① Das Preisniveau steigt.

Aufgabe 6

Richtig ist ④ .

Begründung:

Es müssen weniger Geldeinheiten ausgegeben werden, um die gleichen Waren und Dienstleistungen zu kaufen.

Aufgabe 7

a) ② , b) ① , c) ③

Aufgabe 8

a) ② Die Arbeitslosigkeit ist jahreszeitbedingt.

b) ⑤ Ein ganzer Wirtschaftszweig ist betroffen.

c) ③

d) ① Die Arbeitslosigkeit ist nur vorübergehend.

e) ④

Aufgabe 9

Richtig ist ② .

Begründung:

Nach diesem Ansatz sollen sich Arbeitslose selbst aktiv um eine neue Beschäftigung bemühen, anstatt passiv finanzielle Leistungen zu erhalten.

Aufgabe 10

a) ④ , b) ③ , c) ① , d) ②

Aufgabe 11

a) ① Und auch für den Wohlstand der Bevölkerung eines Landes.

b) ① Der Außenbeitrag wird im Rahmen der volkswirtschaftlichen Gesamtrechnung ermittelt.

c) ⑨ Dem Ziel des Umweltschutzes wird eine immer größere Bedeutung beigemessen.

d) ① Die Exportgüter werden von Arbeitskräften im Inland hergestellt.

e) ① Bei der Berechnung des BIP werden keine Leistungen aus dem Haushaltssektor erfasst.

f) ① Es wird u. a. durch unterschiedliche Besteuerungen, Transferzahlungen und Subventionen verfolgt.

g) ⑨ Der Außenbeitrag muss geringer als 2 % des BIP sein.

Aufgabe 12

Richtig sind ③ , ⑤ und ⑥ .

Hinweise:

Zu ① : Verteilungspolitik

Zu ② : Sicherungspolitik

Zu ④ : Arbeitsmarktpolitik

Aufgabe 13

a) ① Erst bei der Ausführung der Aufträge beeinflussen sie die Konjunktur.

b) ①

c) ⑨ Sie wird an der zeitlichen Entwicklung des BIP gemessen.

d) ⑨ Die Dauer ist nicht genau vorhersehbar. In der Vergangenheit betrug sie etwa 4 bis 6 Jahre.

e) ① Die Arbeitnehmer begründen ihre Lohnforderungen mit den Gewinnen der Arbeitgeber in der Vergangenheit.

f) ⑨ Nach der Expansion und vor der Rezession befindet sich die Konjunktur in der Boomphase.

g) ①

h) ① Wesentliche Faktoren sind u. a. noch die Außenhandelswirtschaft und das Wirtschaftswachstum.

Aufgabe 14

a) ② , b) ③ , c) ① , d) ④

Aufgabe 15

a) ① Sie haben gerade die Depressionsphase überwunden.

b) ③ Im Vergleich zur vorherigen Boomphase.

c) ④ Die Stimmung ist depressiv.

d) ② Es herrscht Hochkonjunktur.

e) ③ Es wird vermutet, dass die Hochkonjunktur bald beendet sein wird.

f) ① Die Konjunktur nimmt Fahrt auf.

g) ②

h) ④ Die in der Boomphase produzierten Güter können nicht mehr abgesetzt werden.

Aufgabe 16

a) ③ Die günstigen Kredite sollen an die Bevölkerung weitergegeben werden, wodurch die Nachfrage steigen und die Konjunktur belebt werden soll.

b) ① Der Staat möchte die Ausgaben, die er in der Depressionsphase zur Belebung der Konjunktur getätigt hat, zurückholen.

c) ② Die Angebote der Unternehmen sollen verbessert werden, wodurch die Nachfrage in der Bevölkerung steigen und die Konjunktur belebt werden soll.

d) ③ Die verteuerten Kredite sollen die Nachfrage in der Bevölkerung senken und die Konjunktur drosseln.

e) ① Die Wirtschaftssubjekte sollen das Geld, das sie durch die Steuersenkungen nicht an den Staat abführen müssen, ausgeben und so die Wirtschaft ankurbeln.

Lösungen zu Kapitel 7: Grundlagen des Wirtschaftsrechts

Kapitel 7.1: Wirtschaftsrechtliche Grundbegriffe

Aufgabe 1

a) ⑨ Willenserklärungen von beschränkt Geschäftsfähigen sind schwebend unwirksam.

b) ①

c) ①

d) ⑨ Jeder Mensch ist rechtsfähig, die Fünfjährige ist nicht geschäftsfähig.

e) ①

Aufgabe 2

a) ①

b) ⑨ Jeder Mensch ist rechtsfähig, Kinder unter 7 sind nicht geschäftsfähig.

c) ①

d) ①

e) ①

f) ⑨ Juristische Personen erlangen mit der Rechtsfähigkeit auch die Geschäftsfähigkeit.

g) ①

h) ⑨ Hier ist die Geschäftsfähigkeit angesprochen, nicht die Rechtsfähigkeit.

i) ⑨ Die Unterscheidung gilt nur bei natürlichen Personen.

j) ①

k) ①

Aufgabe 3

a) ③ Der Kauf liegt wohl im Rahmen des Taschengeldparagrafen.

b) ② Eine 9-Jährige erhält sicherlich noch keine 34,00 € Taschengeld, Zustimmung erforderlich.

c) ③

d) ③ Geschenke müssen angenommen werden, hier: lediglich rechtlicher Vorteil.

e) ② Als 11-Jähriger verfügt er sicherlich nicht über 50,00 € Taschengeld, Zustimmung erforderlich.

f) ① Der 6-Jährige ist geschäftsunfähig.

g) ③ Hier wäre zu prüfen, ob es unter den Taschengeldparagrafen fällt, wahrscheinlich ja.

Aufgabe 4

a) ② Dieser Kauf liegt nicht mehr innerhalb möglicher Ausnahmen, Zustimmung erforderlich.

b) ② siehe a)

c) ①

d) ② Ein geschenktes Mofa beinhaltet auch Folgekosten und Risiken, Zustimmung erforderlich.

e) ①

f) ① Hier handelt es sich um einen Botengang im Auftrag der Eltern. Es wird nicht der Wille des Kindes ausgedrückt.

g) ①

Aufgabe 5

③ , ⑦ , ⑨

Hinweise:

① Sie sind schriftlich zu formulieren.

② Schenkungen müssen angenommen werden.

③ Richtig

④ Vollmachten müssen dem Empfänger vorgelegt werden.

⑤ Empfangsbedürftige einseitige Rechtsgeschäfte treten erst mit Empfang ein.

⑥ Einige müssen schriftlich abgegeben werden, z.B. Testament.

⑦ Richtig

⑧ Die Aussage bezieht sich auf zweiseitige Rechtsgeschäfte (Verträge).

⑨ Richtig

Aufgabe 6

Richtig ist ② .

Aufgabe 7

Richtig ist ④ .

Aufgabe 8

Richtig ist ③ .

Aufgabe 9

a) ② , b) ① , c) ③ , d) ① , e) ②

Aufgabe 10

a) ① gesetzliches Verbot

b) ② widerrechtliche Drohung

c) ① Willenserklärung eines Geschäftsunfähigen

d) ① Formfehler

e) ② Erklärungsirrtum

f) ① Willenserklärung eines Geschäftsunfähigen

g) ① Scheingeschäft

Aufgabe 11

a) ③ , b) ① , c) ① , d) ② , e) ① , f) ③

Aufgabe 1

	Listeneinkaufspreis	3 200,00 €
–	Liefererrabatt (20 %)	640,00 €
=	Zieleinkaufspreis	2 560,00 €
–	Liefererskonto (2 %)	51,20 €
=	Bareinkaufspreis	2 508,80 €
+	Bezugskosten	175,00 €
=	Bezugspreis	2 683,80 €

Der Bezugspreis beträgt 2 683,80 €.

Aufgabe 2

	Listeneinkaufspreis	4 650,00 €	(3,10 · 1 500)
–	Liefererrabatt	0,00 €	
=	Zieleinkaufspreis	4 650,00 €	
–	Liefererskonto (2,5 %)	116,25 €	
=	Bareinkaufspreis	4 533,75 €	
+	Bezugskosten	60,00 €	(15 · 4,00)
=	Bezugspreis	4 593,75 €	
	Pro kg	3,06 €	(4 593,75 : 1 500)
	Für 6 kg	18,36 €	(6 · 3,06)

Der Bezugspreis beträgt 18,36 € für 6 kg.

Aufgabe 3

a)
	Listeneinkaufspreis	2 934,00 €	
–	Liefererrabatt (15 %)	440,10 €	
=	Zieleinkaufspreis	2 493,90 €	
–	Liefererskonto (3 %)	74,82 €	
=	Bareinkaufspreis	2 419,08 €	
+	Bezugskosten	194,42 €	(174,30 + 20,12)
=	Bezugspreis	2 613,50 €	

Der Bezugspreis für die gesamte Sendung beträgt 2 613,50 €.

b) 2 613,50 € : 1 300 kg = 2,01 € je kg

Der Bezugspreis für 1 kg der Ware beträgt 2,01 €.

Aufgabe 4

a) ① , b) ② , c) ① , d) ③ , e) ② , f) ①

Aufgabe 5

a) ⑥ , b) ③ , c) ① , d) ② , e) ⑤ , f) ④

Aufgabe 6

Die Lösung ① ist richtig.

Aufgabe 7

a) ① , b) ⑥ , c) ③ , d) ⑤ , e) ②

Aufgabe 8

a) ⑤ Hier liegt kein Bindungswille vor, lediglich ein Informationswunsch der Fachkraft.

b) ② Es ist ein rechtlich bindender Antrag in Form einer schriftlichen Bestellung dargestellt.

c) ③ Annahme des Antrags durch schlüssiges (konkludentes) Handeln: Abschluss des Kaufvertrags.

d) ⑤ Hier ist kein konkreter, direkter Partner angesprochen, sondern es ist eine Information für alle.

e) ① Das Schreiben ist ein bindendes Angebot des Lieferanten (Antrag).

f) ④ Die Antwort ist die Annahme des Angebots (Antrags), ein Kaufvertrag wird geschlossen.

Aufgabe 9

a) ①

b) ①

c) ⑨ Ziel eines Eigentumsvorbehalts ist es, dass der *Verkäufer* die rechtliche Herrschaft behält.

d) ⑨ Der Eigentumserwerb an gestohlenen Sachen ist nicht möglich.

e) ①

Aufgabe 10

a) ④ , b) ① , c) ② , d) ④ , e) ③

f) ① Bei dieser Lieferung fehlen Artikel, die nachgeliefert werden sollen, es liegen keine Hinweise auf einen Liefertermin vor, daher kein Lieferungsverzug!

Aufgabe 11

a) Vorrangiges Recht   ②

b) Nachrangiges Recht   ⑤

Hinweise zu Nr.

① Eine Rücksendung ist rechtlich nur in Ausnahmefällen vorgesehen. Sie würde auch wenig Sinn ergeben, da die Ware benötigt wird.

② Richtige Antwort für das vorrangige Recht: Nacherfüllung durch den Verkäufer.

③ Dieses Recht stünde dem Gläubiger (Verkäufer) beim Zahlungsverzug zu.

④ Dieses Recht stünde dem Verkäufer beim Annahmeverzug zu.

⑤ Richtige Antwort für das nachrangige Recht: Fristsetzung und ggf. Rücktritt vom Kaufvertrag.

⑥ Dieses Recht stünde dem Gläubiger (Verkäufer) beim Zahlungsverzug zu.

⑦ Dies ist rechtlich irrelevant und würde außerdem keinen Sinn ergeben.

Aufgabe 12

a) ⑨ Unwirksam
   Diese Bestimmung ist zurückzuweisen, weil ein Verkauf nur dem Eigentümer zusteht, nicht dem Besitzer, hier dem Lagerhalter.

b) ① Wirksam
   Diese Bestimmung steht im Einklang mit dem geltenden Recht.

c) ⑨ Unwirksam
   Mangelhafte Ware muss ersetzt werden. Die Kosten dafür sind vom Verkäufer bzw. hier vom Lagerhalter zu tragen, auch die Transportkosten.

d) ⑨ Unwirksam
   Die Kostenkalkulation muss vor Vertragsabschluss vorgenommen werden. Im Nachhinein könnte sonst der Lagerhalter (oder auch ein Verkäufer einer Ware) beliebige Kosten in Rechnung stellen. Für den Einlagerer (oder Käufer) von Waren ist dies nicht hinnehmbar.

e) ① Wirksam
   Dies ist absolut zulässig und entspricht der gängigen Praxis.

Aufgabe 13

a) ⑨ Die AGB werden bereits dann Bestandteil des Vertrags, wenn die andere Vertragspartei (z. B. durch einen ausdrücklichen Hinweis oder einen deutlich sichtbaren Aushang am Ort des Vertragsabschlusses) die Möglichkeit bekommt, Kenntnis von ihrem Inhalt zu nehmen. Die AGB müssen jedoch nicht jedem Vertrag beigelegt werden.

b) ①

c) ⑨ Individuelle Abreden haben Vorrang.

d) ①

e) ①

f) ⑨ Ein Grundsatz lautet, dass der Vertragspartner nicht unangemessen benachteiligt werden darf.

Kapitel 7.3: Unternehmensformen

Aufgabe 1

Richtig ist ④ .

Aufgabe 2

Rechenweg:

Gesamtgewinn	140 000,00 €
− anteilige Ausschüttungen	40 000,00 €
= Restgewinn zur gleichmäßigen Verteilung	100 000,00 €
Geteilt durch die 4 Gesellschafter, verbleiben	25 000,00 € pro Kopf

Gesellschafter	Erhält an anteiligen Ausschüttungen (als Verzinsung der Einlage):	Erhält vom Restgewinn (zur gleichmäßigen Verteilung):	Erhält insgesamt vom Gesamtgewinn:
Ackermann	15 000,00 €	25 000,00 €	40 000,00 €
Brünner	7 000,00 €	25 000,00 €	32 000,00 €
Christ	8 000,00 €	25 000,00 €	33 000,00 €
Dorn	10 000,00 €	25 000,00 €	35 000,00 €
Summe	40 000,00 €	100 000,00 €	140 000,00 €

Dorn bekommt insgesamt 35 000,00 € ausgezahlt.

Aufgabe 3

Rechenweg:

Gesamtgewinn	500 000,00 €
– anteilige Ausschüttungen (4 % auf die jeweilige Kapitaleinlage) z. B. Ehrlicher erhält auf seine 1 000 000,00 · 4/100 = 40 000,00 €	80 000,00 €
= Restgewinn zur angemessenen Verteilung	420 000,00 €

Angemessene Verteilung des Restgewinns nach der Höhe der jeweiligen Kapitaleinlage:

Gesamtkapital 2 000 000,00 €	Ehrlicher hält mit 1 000 000,00 €	Flemming hält mit 600 000,00 €	George hält mit 200 000,00 €	Haferkamp hält mit 200 000,00 €
Entspricht 100 %	50 %	30 %	10 %	10 %
Restgewinn: 420 000,00 €	Zuteilung: 210 000,00 €	Zuteilung: 126 000,00 €	Zuteilung: 42 000,00 €	Zuteilung: 42 000,00 €

Gesellschafter	Erhält an anteiligen Ausschüttungen (als Verzinsung der Einlage):	Erhält vom Restgewinn (als dem Kapitalanteil angemessene Verteilung):	Erhält insgesamt vom Gesamtgewinn:
Ehrlicher	40 000,00 €	210 000,00 €	250 000,00 €
Flemming	24 000,00 €	126 000,00 €	150 000,00 €
George	8 000,00 €	42 000,00 €	50 000,00 €
Haferkamp	8 000,00 €	42 000,00 €	50 000,00 €
Summe	80 000,00 €	420 000,00 €	500 000,00 €

Flemming bekommt insgesamt 150 000,00 € ausgezahlt.

Aufgabe 4

Richtig ist ③ .

Aufgabe 5

Richtig sind ② und ⑤ .

Aufgabe 6

a) ⑤ , b) ⑥ , c) ① , d) ⑤ , e) ④ , f) ③ , g) ②

Aufgabe 7

Richtig ist ① .

Aufgabe 8

Ein Gesellschafter (sogenannte Einpersonen-GmbH)

Aufgabe 9

Richtig ist ④ .

Aufgabe 10

Richtig sind ② , ④ und ⑥ .

Kapitel 7.4: Unternehmenszusammenschlüsse

Aufgabe 1

Richtig ist ⑤ .

Aufgabe 2

a) ② , b) ① , c) ③ , d) ③ , e) ② , f) ①

Aufgabe 3

Richtig ist die Kombination ② .

Hinweise:

➤ Bei der Bildung eines Konzerns sind mindestens zwei Unternehmen beteiligt.
➤ Bei einem Unterordnungskonzern verliert das Tochterunternehmen seine wirtschaftliche Selbstständigkeit, kann jedoch noch weiter existieren, behält also seine rechtliche Selbstständigkeit.
➤ Bei einem Gleichordnungskonzern bleiben beide Unternehmen bestehen (die rechtliche Selbstständigkeit ist jeweils gegeben). Sie müssen sich jedoch in ihren wirtschaftlichen Entscheidungen abstimmen (die wirtschaftliche Selbstständigkeit wird aufgegeben).

Aufgabe 4

a) ② Arbeitsgemeinschaft: nach Fertigstellung erfolgt die Abrechnung gegenseitiger Forderungen und Verrechnung der Zahlungen, bevor die Zusammenarbeit beendet wird.
b) ④ Kartell: die Absprachen werden vertraglich festgehalten.
c) ③ Abgestimmtes Verhalten: gemeinsame Vorgehensweisen, ohne dass ein Kartell nachgewiesen werden könnte.
d) ① Interessengemeinschaft: ein loser Zusammenschluss verschiedener Unternehmen mit gleichem Interesse.
e) ⑦ Fusion durch Aufnahme (Übernahme): Unternehmen A wird in Unternehmen B integriert.
f) ⑤ Kapitalverflechtung: Ein Unternehmen beteiligt sich an einem anderen.
g) ⑥ Konzern: Kapitalverflechtungen von Unternehmen unter einheitlicher Leitung.
h) ⑧ Fusion durch Neugründung: aus zwei Unternehmen entsteht ein neues Unternehmen.

Aufgabe 5

Richtig sind ③ und ⑥ .

Aufgabe 6

Richtig sind ④ und ⑦ .

Stichwortverzeichnis

13 Hummel u.a.-ISBN 978-3-8120-0598-2